U0318541

# SketchUp
# 景观设计实战

## 秋凌景观设计书系

灰晕　编著

中国水利水电出版社
www.waterpub.com.cn
·北京·

## 内 容 提 要

　　本书针对的是景观设计行业，讲解的内容先是根据各类景观风格所用的材料特点对 SketchUp 材质进行了分类，之后由浅入深从比较重要的参数设置、AutoCAD 图纸整理并导入 SketchUp 封面的基础知识开始讲解，继而对建模过程中的几个重点和难点进行了详细的讲解，如：草坡入水、配景楼的建模等；主要的内容是讲解 SketchUp 中景观方案设计的推敲与深化的思路，并将结构、施工方面的知识点融入其中，以及后期对 SketchUp 效果图进行数码手绘的制作方法，即灰晕风格 SketchUp 效果图。整体的思路就是工作过程中一个项目从开始建模到推敲设计最后出效果图表达设计的流程。

　　本书并无过多的建模方法及技巧的讲解，主要的读者对象是有一定 SketchUp 建模技能的景观设计师。但也正是没有过多建模方法的讲解，所以它也应该是一本能够让建模能力不是很强的设计师以及一些在校的大学生都能很好地理解其中推敲深化思路的书籍。本书希望能帮到更多从事景观行业的设计师能更好地利用上 SketchUp 面向设计的这个特点，对景观方案设计进行推敲与深化，从而能在模型阶段解决掉更多的问题，让方案设计的落地性更强。

## 图书在版编目（ＣＩＰ）数据

SketchUp景观设计实战 / 灰晕编著. -- 北京 ： 中
国水利水电出版社，2016.10
　　（秋凌景观设计书系）
　　ISBN 978-7-5170-4828-2

Ⅰ．①S… Ⅱ．①灰… Ⅲ．①景观设计－计算机辅助
设计－应用软件 Ⅳ．①TU986.2-39

中国版本图书馆CIP数据核字(2016)第254412号

| 书　　名 | 秋凌景观设计书系<br>SketchUp 景观设计实战<br>SketchUp JINGGUAN SHEJI SHIZHAN |
|---|---|
| 作　　者 | 灰 晕 编著 |
| 出版发行 | 中国水利水电出版社<br>（北京市海淀区玉渊潭南路 1 号 D 座　100038）<br>网址：www.waterpub.com.cn<br>E-mail：sales@waterpub.com.cn<br>电话：(010) 68367658（营销中心） |
| 经　　售 | 北京科水图书销售中心（零售）<br>电话：(010) 88383994、63202643、68545874<br>全国各地新华书店和相关出版物销售网点 |
| 排　　版 | 北京时代澄宇科技有限公司 |
| 印　　刷 | 北京嘉恒彩色印刷有限责任公司 |
| 规　　格 | 210mm×285mm　16 开本　11.75 印张　282 千字 |
| 版　　次 | 2016 年 10 月第 1 版　2016 年 10 月第 1 次印刷 |
| 印　　数 | 0001—4000 册 |
| 定　　价 | 68.00 元 |

# 前　言

　　SketchUp 是一款所见即所得的建模软件，因此它是具有直观性，又因其简单的操作命令使得在景观设计中常常被用来做推敲方案设计使用，这也是它为何能从各类建模软件中脱颖而出成为景观设计行业主流建模软件的两大原因。而行业内不少施工单位是直接拿着 SketchUp 模型来指导施工的，为了推敲的准确性及更好的指导施工，模型也需要严格按照尺寸来建并符合一定的模数，表达上也将材料的面层、色调、分缝等表现到位。可想而知行业内对模型的要求也已经不仅仅是简单的建模并配合表现的要求，它必须是能够准确地表达出方案的设计意图，并尽可能地在结构、施工上符合一定的要求。

　　由此可见模型上涉及的知识点较多，我大致归纳为以下几个点：设计上对项目历史文化的体现，元素符号的提炼，风格、色调的统一；功能的协调，构筑物体量、场地空间尺度的把控，植物配置的空间营造；施工上对材料的使用，构筑物基本的结构构造、景观基本施工工艺的了解等。而在后期效果图的表现上则为基本画面的构图原理，场地功能的表达、主次景观的区分、场地空间氛围的渲染、人物情感的交流，最终都为项目设计理念设计师设计意图的表达。

　　有时候一个项目的模型推敲过程除了方案设计师参与，还需要施工图设计师的参与，我在模型中进行方案的推敲时也时常会跟施工图设计师进行施工与造价方面的讨论，因为方案最终是要落地的，这样做的目的是为了能让方案设计的落地性更强。在方案模型深化中如果能把结构、施工方面的问题考虑清楚，项目的可实施性就会增强，落地后才会更接近项目原先的设计，如果在此阶段只考虑方案，对施工没有太多的思考那么后期施工图设计师会因结构和施工问题对设计进行更多的改动，这便一定程度上减弱了方案的落地性，有时候甚至会偏离设计意图。

　　本书是由多位灰晕 vip 班的优秀学员通过归纳总结课堂上讲解的知识点而编写的一本学习笔记，其中大部分的知识点也只有 vip 班里的同学才会有机会学习。由于在公开课的教学过程中会不断有新同学加入，很多已经讲过的建模基础知识点需要重复多遍，因此本书也针对一些比较重要的基础知识点及部分建模难点进行了详细的讲解。

黄振相

2016 年 4 月

# 秋凌景观——灰晕 SketchUp 景观设计课程笔记

秋凌景观（http://www.qljgw.com）：成立于 2006 年，十年来专注于景观设计施工及售后跟踪服务以及设计实战型人才培养（国内景观教育首个结合项目实践的教学模式），微信公众号粉丝关注量突破 30 万，每年主办数百场网络公开课，每年培养数千名学员，景观学习受众人数在行业居首列。

秋凌景观 QLJGW.COM

潘毅个人介绍

　　潘毅老师（网名灰晕）毕业于天津大学建筑学院环境艺术专业。从事景观设计工作 10 年，现任天津澜德斯国际规划设计有限公司副总经理、设计总监。也是知名网络教育机构秋凌景观的特邀讲师以及 wacom 授权认证讲师，wscom 专家委员会成员之一。

　　潘毅老师自创了灰晕风格 SketchUp 表现技法，在行业中得到了极高的评价和广泛的认可，为 SketchUp 在国内景观行业内的应用和推广做出了卓越的贡献。灰晕风格表现技法使用了 wacom 的数码绘画产品与 SketchUp 建模软件相结合，对模型渲染出的图片进行数码手绘后期处理，使得最终表现效果能准确地传达设计师的情感与场景意境和氛围。

　　从 2013 年左右我开始与秋凌景观合作开设一些 SketchUp 景观设计的课程，其做过很多公开课和一些 vip 课程。在这些课程开办的过程中我发现了一个问题，每次我在讲公开课的时候总是会有一些第一次听课的同学问很多以前讲过无数次的内容或者一些以前讲得很透彻的内容，这些新同学很难一下理解，想把这些基础普及开单单通过公开课的这种网络视频讲座的形式好像有些困难。而最近一两年由于我工作比较忙，也很少有时间再做很多的公开课，为了更好地把这些 SketchUp 设计基础给大家普及一下，我的学生黄振相组织了几位曾经灰晕 vip 班的优秀学员一起完成了这个灰晕 SketchUp 景观设计课程笔记。把我平时课上讲的内容通过文字图片的形式总结出来，以方便大家共同学习，在这里让我们感谢他们的辛勤付出。希望这本笔记能让大家更了解 SketchUp 在设计中的应用方法。

# 作者名录

黄振相（网名大相）毕业于北京林业大学园林专业，现任中国城市建设研究院方案设计师，秋凌景观特邀SketchUp讲师。

于2012年开办大相风景园林博客（www.ylhzx.com）网站记录下了本人多年景观设计的心得与理念，分享了诸多设计软件的使用技能，并收集了行业内来源于个人及网络的大量设计参考资料，各类文章持续更新。

王梓兴毕业于吉林建筑大学景观学专业。曾获2014年中国环境设计教育年会第十二届中国环境设计学年奖，景观设计最佳创意奖。从事景观设计工作两年，在职景观方案设计师。擅长SketchUp景观建模与推敲。崇尚个性、自由与纯真，将美学、文化、功能、空间体验等多元因素融于景观设计中，汲取生活中丰富的灵感，对行业充满热情。

过钰椿于2015年毕业于北京航空航天大学北海学院城市规划专业。现就职于北京阿特密斯景观设计事务所。于2012年—2014年期间参加灰晕SketchUp高级培训课程，凭着执着的信念出色地完成每一次项目练习，获得老师和同学的一致认可。并因其优异的成绩而获得灰晕老师推荐工作的机会。

刘伟（网名当年情）毕业于无锡工艺职业技术学院环境艺术专业。从事景观设计工作3年，现任苏州园林营造产业股份有限公司施工图设计师。是灰晕老师的SketchUp助教。有良好的景观设计基础，积累了大量景观项目实战经验。

田静，本科景观设计专业，是灰晕老师的SketchUp助教，有5年SketchUp建模经验，擅长利用SketchUp辅助建模与设计。

杜双林，毕业于四川理工学院工程管理专业，西南交通大学工程造价专业，从事设计工作两年，现就职于上海全茂建筑设计咨询有限公司。

唐鹏，灰晕优秀学生，在灰晕老师的指导下，对SU有了更深层次的理解，慢慢地意识到它在设计中的重要性。它操作简便，推敲修改灵活，所以它在景观设计中的优势与价值是其他软件不可取代的。

本书配套了部分资料，提供给学习者学习使用，你可以扫描左边二维码快速进入！

# 目　录

# 第1章
# 材质风格讲解

项目模型中，建模仅是基础问题。更深层次的一些构筑物设计如景墙、亭子、廊架等硬质景观，都与景观的风格密切相关。一个完整的模型必须对材质、风格整体把握，才能正确传达设计内容及感受。

关于项目风格需要明确以下两点：

（1）任何风格类型其模型材质的色彩、纹理都应符合该项目的整体定位和风格。

（2）国内做的大部分项目严格意义上讲均为混搭风格，只是更偏重某种景观风格。完全照搬照抄的景观风格，不适合中国人的审美品位和生活习惯。

本章列举几个居住区景观案例，详细讲解景观设计中常见的几种风格，在硬质铺装，构筑物，小品上的材质特点及装饰手法、硬质景观、色彩应用与元素特点。

## 1.1 风格分类

常见的景观设计风格基本可以分为欧式风格 ( 相对古典的风格 )、简欧风格、ArtDeco 风格、北美风格、西班牙风格、现代风格、新中式风格和混搭风格（表 1.1）。

表1.1 常见景观设计风格

| 分类依据 | 对应风格特质 | |
| --- | --- | --- |
| 按时间划分 | 相对古典的风格（对应材料：石头、木头、纸） | 相对现代的风格（对应材料：玻璃、金属） |
| 按区域划分 | 中式风格 | 欧式风格、北美风格、ArtDeco 风格、西班牙风格 |
| 介于两者之间 | 简欧风格、新中式风格（用现代的材料诠释古典建设的格局、理念、元素） | |

项目明确后如何读懂风格特质：

（1）先查找一些本地正统相应风格的文字描述、实景图等资料。研究里面硬质铺装及构筑物用到的元素、色调、材料搭配及工艺做法等特点，然后对应风格原型特点分析总结。

（2）通过对成功项目案例的分析，对比自己总结的与案例的异同，最终归纳后选出几种适合相应风格的材质。

（3）归纳总结出来的材质结合自己项目的特点，最后定出主次材质，并在设计推敲过程中始终贯彻这些特点，最终形成一套完整的，搭配协调的材质类别。

1

（4）结合项目的性质、投资、当地文化、建筑风格等实际情况，最终提取相应风格的元素应用到项目中。

## 1.2 欧式景观风格

1.铺装材质注意要点如下

（1）注重大气统一的感觉。

（2）纯欧式设计风格项目基本以石材为主，其他材料用得较少。

（3）整体铺装材质用大面积的暖色调石材，体现大气统一的效果。

（4）细节有很多装饰，体现欧式丰富的细节与味道。

2.立面构筑物材质选择

为保证地面、墙面、立面构筑物相互区分，构筑物的材质避免和地面材质重复。面积非常小的压顶、混色的及纹理感不强的石材除外。

3.立面构筑物的细节

欧式风格的构筑物线脚圆滑，层次较多，装饰繁琐。

欧式景观风格的材料主材选择上不超过5种（不含收边及沙坑材料），否则，模型会显得杂乱。众所周知，欧式项目铺装层次较多，因此你也许会认为5种不够用，下面我们来做详细分析。

主材一般用在以下地方：铺装广场、主要人行道、次要人行小道、车行石材通道，如图1.1所示。因为中间分割条的原因,仅用两种材质填充,不会有同一材质相邻铺设的情况。所以不需要太多的材质。

图1.1 欧式广场铺装设计图

图1.2、图1.3体现了欧式大面积的暖色调石材，大气统一的效果。

图1.2 欧式大面积的暖色铺地

图1.3 欧式色调统一的材料应用

## 1.3 简欧景观风格

简欧景观风格最不易定性。虽然定义非常广泛，但遵循的基本原则都是简化的一种欧式风格。

简欧景观风格没有繁琐的装饰线脚，也不会运用大量石材，但是仍有欧式的元素，以简化为目的混搭其他元素。因为纯欧式的景观造价太高，甲方还想要欧式的品质感，所以结合其他的材质、元素来降低成本。简欧风格会混搭其他风格元素（如 ArtDeco），但欧式元素占主体。

石材的柱子做的方且平直，上面有一些简单的压顶线脚，柱身刷涂料，还有木质的亭子顶盖，如图 1.4 所示。

图1.4　简欧中的亭子

种植池的细部无需做得太繁复，地面铺装也不用统一为米黄色的石材色调，因为会出现很多其他的材质类型。材质类型、简化的线脚装饰都成了节约成本的手段。

岗亭混搭其他风格和元素，但还是沿用了欧式的造景手法，如对称的轴线、材质的处理、铺装的选择，跟欧式风格的项目基本相同，纯石材的材质所占面积比例较小，如图 1.5 所示。

图1.5　简欧地面铺装与装饰

　　欧式风格所占面积比例较小的材质在简欧里面占比较大,这样既弱化了纯欧式的感受、降低了造价,又不失欧式的品质感。重要节点的品质感较强,其他位置则可简化处理,如图1.6、图1.7所示。

图1.6　简欧地面碎拼铺装(一)

图1.7　简欧地面碎拼铺装(二)

# 1.4　ArtDeco景观风格

　　ArtDeco是起源于法国,兴盛于美国的一种艺术装饰风格。在20世纪20年代的美国,摩天大楼如雨后春笋般涌现,夸张失调的柱式、笨重繁复的线条已不适合高耸的大楼,ArtDeco风格应运而生。时至今日，美国的很多大楼依然是 ArtDeco 风格形态或是由这种形态演变而来。

在做景观设计的过程中，会遇到各种各样的建筑风格，目前建筑界非常流行杂糅的建筑风格，而景观风格尽量能够跟建筑风格统一，景观中的亭子、廊架等立面构筑物都要和建筑相互关联。需要我们熟知建筑上所使用的符号和手法，理解所表达的感受，提炼、总结、简化其形状上的特质后用于景观的设计中。

ArtDeco 景观风格由欧式风格演变而来，如图 1.8 所示。把欧式的线脚做硬化处理，强调竖向线条的延伸感，采用埃及金字塔层层收缩的阶梯状造型，以及塔楼的符号和形式来体现贵族优越感。

图1.8　ArtDeco风格线脚装饰

ArtDeco 风格在铺装材质上和欧式风格相似，主要是硬质构筑物形式上的区别。ArtDeco 风格将欧式的古典元素进行变形、简化、几何化的处理，使线脚更硬朗，装饰刚劲有力。原则上用重复、对称、渐变的美学法则，对简单几何图形进行叠加处理，形成较复杂但极具韵律感的整体视觉冲击。

# 1.5　北美景观风格

北美景观风格的特点如下：

1. 更自由更乡野的气息，更多地应用毛石材质。

2. 厚重的压顶。

3. 白色的木质构筑物（小廊架、小亭子），木质的顶面。

如图 1.9、图 1.10 所示，没有精致复杂的压顶形式，只有乡野厚重的基座压顶、乡野的毛石材质和白色的木质亭、廊架。

图1.9　常见的北美风格（一）

图1.10　常见的北美风格（二）

## 1.6　西班牙景观风格

西班牙景观风格会使人想到用马赛克拼贴的建筑，以及街头巷尾的马赛克拼贴景观元素，可以说是一种代表西班牙风格的符号，主要有以下几方面特点。

（1）使用广泛的马赛克拼贴。

（2）注重材质的多变，色彩的靓丽。

（3）会用到一些充满野趣的毛石做设计。

（4）利用竖向小高差、毛石小挡墙，营造周边被花卉包围的浪漫小空间。

（5）运用弧度的花形廊架、斜的格栅、拱形的门廊等构筑物。

（6）地面材质用很多颜色非常鲜艳的铺装材质，搭配比较丰富。

### 1.6.1　西班牙风格在项目中的应用

具体应用见表1.2，如图1.11～图1.16所示。

表1.2　西班牙风格应用分类

| 项目类型 | 项目特性 | 西班牙元素 | 对应效果图 |
| --- | --- | --- | --- |
| 别墅项目<br>多层项目 | 自然景观为主，风格自由，气息乡村野趣 | 应用毛石挡墙、花藤廊架营造小空间的浪漫情调 | 图1.11～图1.13 |
| 高层项目 | 城市化、气派化 | 应用马赛克拼贴结合大水池 | 图1.14～图1.16 |

图1.11　西班牙风格的毛石挡墙元素

图1.12　西班牙风格的花藤廊架元素

图1.13　西班牙风格的木格栅和毛石小挡墙元素

图1.14　西班牙风格大水景

图1.15　西班牙风格水池的马赛克拼贴

图1.16　西班牙风格鲜艳的铺装与马赛克大水池

### 1.6.2　常见的西班牙元素

如图 1.9 所示，虽然没用到马赛克拼贴，但是用了其他的元素，包括非常艳丽的地面铺装材质、花藤廊架、小的种植池、小的空间感受，这些小方面共同结合在一起给人一个较完整的西班牙风格的感受。

如图 1.17 所示，树池和水池都使用了马赛克拼贴这种元素强化西班牙风格。树池上红色的马赛克拼贴加绣色的水泥纹理与水池里的绣色水泥纹理加蓝色马赛克拼贴相结合。绣色水泥纹理使得树池水池自然过渡，两者看上去连成一个整体。

图1.17　西班牙风格马赛克拼贴

# 1.7　现代景观风格

异形的形体、现代材料的应用使现代风格项目的造价较高。但用大面积的石材、石汀、木材又体现不出现代的感觉，如图 1.18、图 1.19 所示。如果黄色的玻璃钢和红色的玻璃钢全部换成文化石或是毛石之类的材质现代风格的感觉就荡然无存。

图1.18　现代风格玻璃钢（一）

图1.19　现代风格玻璃钢（二）

现代的风格通过新颖的材质体现，如构筑物用金属或者表面光滑又耐久的彩色玻璃钢材质，地面用彩色混凝土材质，体现出现代的气息。

钢板边界的种植池，做法和尺度上与传统模式不同，体现了现代风格的独特气息，如图1.19所示。

镂空钢网的护栏结构充满了现代气息如图1.20所示。

图1.20　现代风格镂空钢网

无论从座椅的形式，构筑物材质的质感与选择，木平台的金属收边做法，都有现代风格的感觉，如图1.21 所示。

图1.21 现代风格小品

# 1.8 新中式景观风格

新中式风格和其他风格区别较大，所选材质主要是白墙灰瓦的感觉。当然，新中式或中式风格里也有很多的细分，像南派、北派和皇家、民居等。

大体的色调上以偏冷的蓝灰色铺装材质为主。地面选用灰色的砖、石材、蓝灰色的文化石、木质的铺装；墙面选用白色涂料、灰色石材或能体现中式味道的木质材料、皇家元素的红色涂料等。

新中式要求有一些现代元素的变形，需应用到金属的材质。但要注意金属材质在用的时候需遵循中式的色彩倾向，例如深灰色、红色或者蓝灰色。

如图 1.22 所示，红色涂料墙面、木质加金属构件的亭子，部分涂有红色涂料的工字钢过廊，使得皇家园林的感觉分外强烈。

图1.22 皇家园林感觉的新中式风格

　　蓝灰色石材地面铺装、木质墙加金属钢板的透景设计围合出一个尺度亲人的新中式小空间，如图 1.23 所示。

图1.23　新中式的景观小空间

　　地面铺装用蓝灰色的小块石材，瓦片的文化铺地，带有元素符号的花纹石材，都能体现中式的感觉。玻璃质感墙面，体现现代的感受，如图 1.24 所示。

图1.24　新中式风格（一）

　　工字钢和玻璃搭起来的景观起到的是中式影壁墙的作用，中式的符号和结构用现代的元素与手法诠释。

　　如图 1.25 所示平面布局上利用了中式的构图形势，即很多异形的绿地空间划分成灵活多变的小空间，达到传统中式步移景异的效果。左侧的片墙使用了中式的开洞形式，远景的景墙是中式白墙灰瓦墙面的变形，将白墙变成了木质的墙面。

图1.25　新中式风格（二）

图1.26中空间上运用了近景、透景、借景的手法，黑灰色的地面铺装、景墙上的黑白元素、兰花浮雕都是中式的元素，而表现的手法又是很现代。

图1.26　新中式风格（三）

# 1.9　混搭景观风格

混搭景观风格是通过两种不同风格的相似点（切入点），把互相联系的点结合到一起，创造混搭而不突兀的景观。

常见的混搭风格以西班牙混中式风格为例，如图1.27所示西班牙风格元素有廊架上的花藤，西班牙风格建筑上的拱形门梁，门梁间镂空的圆洞，地面的铺装元素。造景手法有中式的透景和置石的手法。西班牙混中式会用一些毛石乡野符号结合中式置石手法但却不感觉突兀。

图1.27　西班牙混中式风格（一）

　　如图 1.28 所示，廊架和亲水的木栈道，木栈道和置石的结合。

图1.28　西班牙混中式风格（二）

　　如图 1.29 所示，中式的造景手法跟一些西班牙风格元素及欧式质感的元素混合到一起。欧式的水池收边形式，硬质水面跨过的小桥，硬质水体里的置石，中式的小桥流水结合置石的手法，用欧式的元素揉在一起。材料上用西班牙风格，手法上用中式的小桥流水，欧式的质感，元素则中式、欧式相结合。欧式的水池，小桥流水，桥结合置石，有互相联系的点，所以才结合到一起。

图1.29　西班牙混中式风格（三）

# 本章小结

　　本章对景观设计中的欧式风格（相对古典的风格）、简欧风格、ArtDeco风格、北美风格、西班牙风格、现代风格、新中式风格和混搭风格的材质进行了分析总结，并通过实际案例直观地表达了各风格的特点。通过对本章节的学习，希望大家能够根据景观设计风格的特点对模型的材质进行归类总结，从而在材质的使用上达到风格统一的效果。

# 第2章
# 使用参数设置

当我们开始使用 SketchUp 软件的时候，需要进行基本的参数设置，设置的目的是可以使我们更灵活地利用软件本身的功能，提高自身的工作效率。根据个人的爱好、使用习惯以及不同的用处，基本的使用参数没有一个绝对的答案，但一个适当的参数设置却能更好地进行方案的推敲深化工作及更好地表现效果。当参数设置好后，可将其保存为模板并选为默认模板，以后打开空白文件时便是之前设置的参数，省去了再次修改参数的步骤。本章节的主要内容就是根据景观行业所要表达的内容来进行较为合理的设置。

第一次打开 SketchUp 时会提示你选择模板，软件本身会提供几种模板，如图 2.1 所示。供不同行业及不同爱好的人来选择，但这些模板的参数设置都是比较简单的，无论选择哪个模板都各有利弊。下面来系统地了解下景观设计中 SketchUp 需要设置的那些参数。主要设置的参数有模型信息、样式、系统设置、阴影调节及景深调节 5 大项，最后就是将设置好的参数另存为模板，作为我们日后使用的模板。

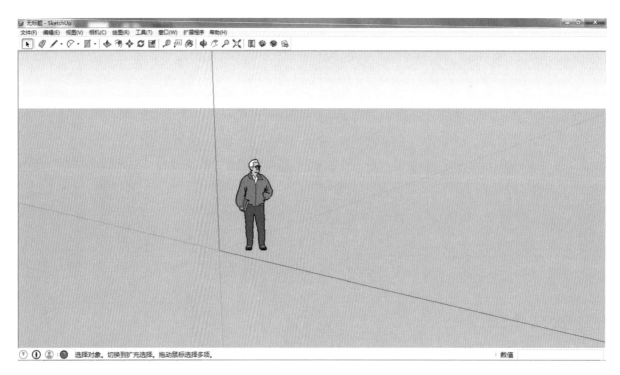

图2.1　"简单模板-米"界面

# 2.1 模型信息

模型信息可以说是最基础的设置，在菜单栏"窗口"下打开。这里主要设置单位、动画和渲染。

## 2.1.1 单位

如图2.2所示是"模型信息"下的"单位"设置面板，在"格式"下拉列表的第一个选项选择"十进制"，第二个选项是一个比较开放的选项，最常用的是"毫米"及"米"。一般在景观设计当中，面对的场地都是比较大型，用米做单位在后期其他数据的输入时会比较轻松，一定程度上可以提高工作效率。但是用毫米也不见得是不可取的，毕竟很多情况下，毫米的使用也是比较普遍的，怎么选择看个人具体情况。

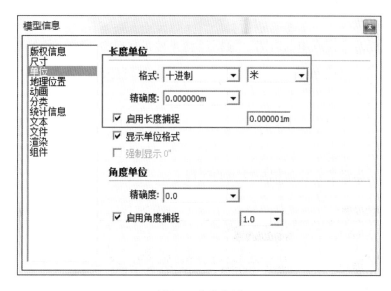

图2.2 单位设置

长度单位下的精确度直接影响了下面"启用长度捕捉"能设置的最小捕捉单位，因此精确度尽量可调高些。

启用长度捕捉体现了在其他操作下能捕捉到的最小单位，数值也尽量调高些，确保能准确捕捉到小单位下的数值，画出小单位的尺寸。这一项在推拉细节方面体现尤为重要，角度单位下的设置类似。

在推拉的时候出现推拉不出小单位的长度时原因就是长度捕捉设置的精确度过小造成的，这时只要将捕捉精度调高便可解决问题。

## 2.1.2 动画

如图2.3所示，这是"模型信息"中"动画"设置面板，勾选"启用场景转换"后，在场景转换的过程中有一个角度转移的过程，而不是直接跳到下一个场景。从转换的过程中可以体验整个场景与周围其他环境的关系，有助于方案模型的进一步深化。

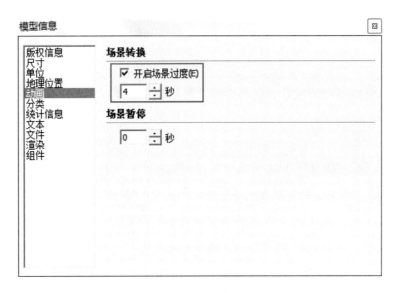

图2.3　场景转换设置

　　"秒数"体现了转换过程所用的时间，根据经验4秒是比较合适的。场景延迟中的数值是指当画面从某个场景向下一个场景转换时所停留的时间，若是时间过长，就会出现不流畅，建议把此项改为0。

### 2.1.3　渲染

　　如图2.4所示，渲染设置主要体现在材质的表现上。

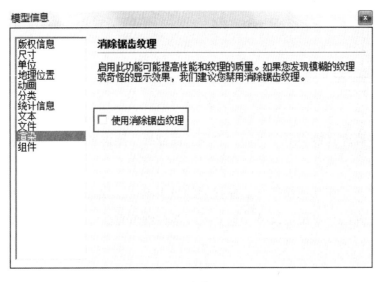

图2.4　渲染设置

　　拿草地的材质来观察对比，看勾选与未勾选的区别。如图2.5所示为勾选"消除锯齿纹理"后材质所表现的效果，对比于图2.6未勾选此项所表现的效果差别较大，图2.5所示表现出来的效果材质表面较为光滑，质感不强且纹理差。而图2.6未勾选的效果不管是在质感、纹理还是在立体感上都会强于图2.5，更能体现材质的真实性，此项去掉勾选。

图2.5 勾选"消除锯齿纹理"　　　　　图2.6 未勾选"消除锯齿纹理"

## 2.2 样式调整

样式在菜单栏"窗口"下打开,可以调节模型具体属性显示的样式,包括边线样式、正反面颜色、透明材质的显示模式以及天空、地面色彩的调节,还包括添加个性水印等,有效的设置有利于画面的表达。

### 2.2.1 边线设置

边线设置是设置模型中线条显示的具体样式,如图 2.7 所示。

图2.7 边线调节界面

边线调节界面在建模的过程中把"端点""延长"等都去掉,只勾选显示边线这一项,避免画面线条过黑,从而达到界面整洁关系明朗的效果。部分显示效果可在最终所要表达某种效果的时候进行具体设置。

## 2.2.2 透明度显示设置

如图2.8所示,透明度质量显示设置主要体现在带有一定透明度的材质上,如水、玻璃、植物等。尤其对带有透明度的SketchUp植物组件而言存在着极其明显的变化,如果调成"更快",那么植物的景深关系将十分混乱。调成"中等"或"偏画质"都能很好地表达出植物的景深关系,色彩的叠加关系也会更明确。但随着透明度显示质量的提升也会增加电脑的负荷,一般情况下"中等"和"偏画质"没有太大的区别,建模过程中调整为"中等"可以随时观察植物的层次关系并能减少电脑的负荷。在最终出图时具体调成"中等"或"偏画质"要根据实质的效果来确定。

## 2.2.3 背景设置

此项调整SketchUp操作界面及天空的颜色,结合项目色调及个人喜好可将界面调成不同的颜色,操作界面及天空的色彩显示时同样会少量的增加电脑负荷。

如图2.9所示,天空、背景设置时需要注意的是SketchUp默认的地面,为x轴与y轴所形成的平面。若是带有透明度的地面会使低于SketchUp地面的空间产生一层地面颜色,这项设置中地面可将其关闭,则操作界面颜色会用背景色代替,这时只需设置背景色便可。

图2.8 透明度质量显示设置

图2.9 天空、背景设置

# 2.3 系统设置

系统设置仍然是在菜单栏"窗口"下打开,根据版本的不同,也会有其他的名称,如使用偏好等。这项主要根据个人的使用习惯来进行设置,在这里给大家一个参考。

### 2.3.1　常规

勾选"自动保存"以防不测，若是电脑配置较低的话时间间隔应适当调长些，避免建模时因自动保存而卡机。建模过程中应当养成经常主动保存的习惯，如图 2.10 所示。

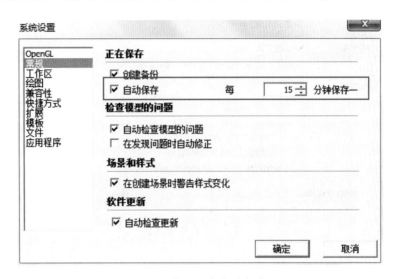

图2.10　"常规"中自动保存设置

### 2.3.2　绘图

"绘图"中的"单击样式"选择"自动检测"，系统根据其自身的设置便可自动检测是否再次画线，如图 2.11 所示。

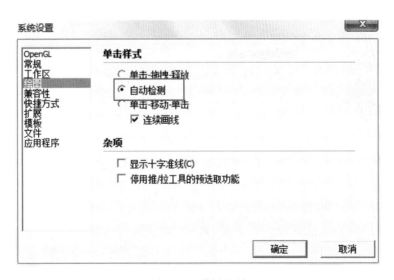

图2.11　绘图设置

### 2.3.3　扩展

"扩展"里 SketchUp 的工具是否勾选直接决定了在打开软件时相应工具是否被加载的情况，这些工具包括手动安装的插件工具以及 SketchUp 自带的一些工具。在这里建议全部勾选。

扩展中所有的修改会在下一次启动 SketchUp 时生效，沙盒工具未在工具栏中显示很大情况下是因为"扩展"中的"沙盒工具"未勾选，如图 2.12 所示。

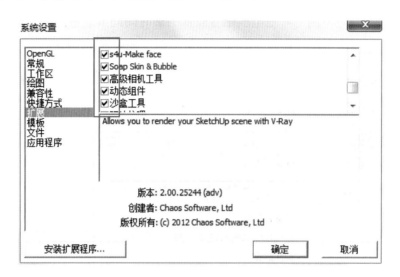

图2.12　扩展程序设置

### 2.3.4　应用程序

"应用程序"中的图像编辑器可选择各种图像编辑软件，此项的意义在于选择默认图像编辑器后，正在使用中的材质贴图可直接从 SketchUp 中打开图像编辑软件进行编辑，非常的方便。

如图 2.13 所示，图像编辑软件可以选择 Photoshop，点击"选择"找到 Photoshop 的快捷方式并选中后点击"确定"这时图像编辑器就设置妥当。

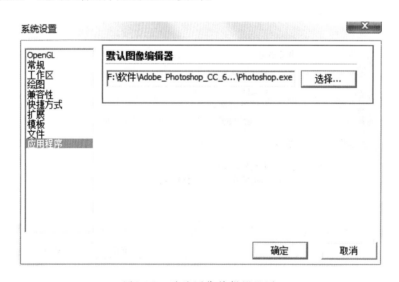

图2.13　默认图像编辑器设置

当我们需要对材质贴图进行编辑时，在材质编辑对话框里点击"在外部编辑器中编辑纹理图像"命令（图 2.14），此时贴图便可直接在 Photoshop 中打开。对贴图处理好后点击保存，回到 SketchUp 中就会发现纹理贴图已随之改变。

图2.14　直接打开图像编辑器方法

## 2.4　阴影设置

　　阴影设置直接影响了画面的效果，根据个人经验如图 2.15 所示，将通用协调时间调成 7:00，时间为早上 9:00，日期为 4 月，阴影的亮度调节为 80，暗度调节为 35，这样的设置可得到一个较为柔和的光感。

图2.15　阴影设置

　　尤其重要的一步就是勾选"使用太阳制造阴影"，勾选此项可将图面瞬间变亮，更重要的是可将材质的明暗面关系表达明确。最后是选择所要投影的面，这一项先要打开投影才可设置，打开投影后将"在地面上"此项去掉勾选，避免在低于 SketchUp 地面的物体出现 SketchUp 地面阴影。

## 2.5　视角景深调节

　　人能较好的观赏景物的最佳水平视野范围在 60° 以内，观赏某一物体的最短距离应等于物体的宽度，即相应的最佳视区是 54° 左右，小于 54° 便进入细部审视区。模板自带的视角景深为

35°，明显这个角度过于观赏细部了，表达不出场地的环境氛围，这时候需要我们手动进行调节。

点击"缩放"按钮，或按快捷键"Z"当图标变为放大镜样式的时候，直接输入数字"54"回车，视角景深便可更改（图2.16）。当然这个数值也不是固定的，且根据后期构图也可能会有微小的变动，只要保持在此数值的附近便可，如图2.16所示。

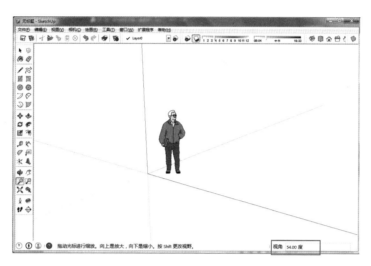

图2.16　视角景深调节

# 2.6　保存模板

当这些都设置好以后，应保存一个模板并选为默认才能有效，模板保存后当你下次打开软件的时候就都是这个参数设置了。

首先，为了保证保存的模板是在平视的状态下，可利用模板里的人物作为参照，利用"定位相机"定位观察点，并将人的眼睛高度调整为正常的人眼高度。

然后将视图调整成尽量平视的状态下，人物不宜过小或过大，大概占操作界面高度的1/3较为合适。这样做的原因是保证在打开软件进行第一步操作时，物体的尺寸不会过大或者过小，方便尺寸的把控。$xy$ 正轴最好是对着屏幕的方向。如图2.17所示。

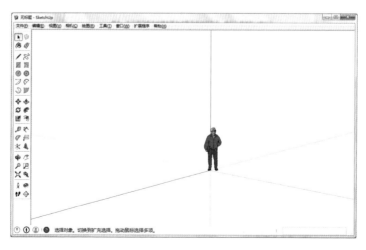

图2.17　视图调整示范

只要能保证在尽量平视以及画面尺寸比较合适的状态下便可，具体的原点位置根据个人来调节便可。

之后"Ctrl+a"全选模型中的内容，将其全部删除，避免模型中有一些不必要的线面等垃圾。在菜单栏"窗口"下打开"模型信息"，选择"统计信息"执行"清理未使用项"命令（图2.18）。保证即将保存的模板是干净的。

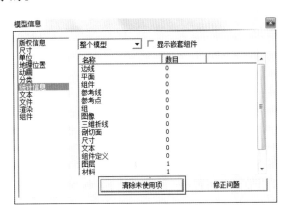

图2.18　清理未使用项

最后在菜单栏"文件"下选择"另存为模板"给其命令，勾选"设为默认模板"保存便能将设置好的参数保存下来，如图2.19所示。

图2.19　保存模板

# 本章小结

本章系统地讲解了SketchUp的模型信息、样式、系统设置、阴影及视角景深的设置，通过这些基本的使用参数设置使软件更有利于我们进行SketchUp的建模以及方案的推敲深化工作，并通过保存模板的方式对设置好的参数进行保存继而能够在日后的使用过程中减少重复设置的工作。

当需要在另外一台电脑上使用此模板时，可在"系统设置"—"模板"设置面板中点击"浏览"进行加载（模板文件拷贝至对应电脑中）。

# 第3章
# AutoCAD图纸整理、
# SketchUp封面

当我们完成设计平面图之后，需要导到 SketchUp 中进行建模来深化设计，使设计更加完善和合理。那么设计平面图从 AutoCAD 到 SketchUp 中建模需要经历以下步骤。AutoCAD 图纸整理→AutoCAD 图纸导入 SketchUp→封面。

## 3.1 AutoCAD 图纸整理

AutoCAD 图纸的整理是一个很细致且极富耐心的工作，对一个完整的 AutoCAD 平面图进行合理的整理对我们后面导入 SketchUp 封面建模工作起着事半功倍的作用，所以需要我们在对 AutoCAD 图纸整理时时刻思考我们编辑的线或者块的去留。

### 3.1.1 准备工作

在对 AutoCAD 图纸整理之前建议首先对整个图纸进行充分的阅读，理解设计师设计意图以及竖向设计和高程变化的地方需要我们着重注意。如何在整理过程中提高效率呢？当然需要软件的支持和 AutoCAD 技巧的掌握，在此建议大家使用天正建筑（AutoCAD 插件）进行整理。本书将以实际项目"青云山广场"为例为大家进行详细介绍。

### 3.1.2 Z 轴坐标归零、减少杂线

我们拿到设计的平面图之后需要将建模的部分拷贝到一个新建的 AutoCAD 文件中，这样能大大减少不必要的杂线，减轻我们在封面时总是封不上的苦恼（例如原始的地形线、超出涉及范围的杂线或者是由于绘图者制图的不规范而造成的多余线等）。如图 3.1 所示，图中黄色框中圈出的部分是需要建模的部分，直接选中这部分拷贝就行。

然后检查在 Z 轴方向上的线或者点，如图 3.2 的操作查看左视图就可以看出在 Z 轴方向上是否存在不在 0 坐标上的点或者线。

如图 3.3 左视图上的高程点或者是由于制图不规范产生的费线，对于高程点部分我们可以用来创建山体这里不做详细介绍，在这个案例中不属于建模部分删除即可。或者可通过"工具"菜单下加载应用程序加载插件——贱人工具箱使用 Z 轴归零功能将其压到一个平面，如图 3.4 所示。

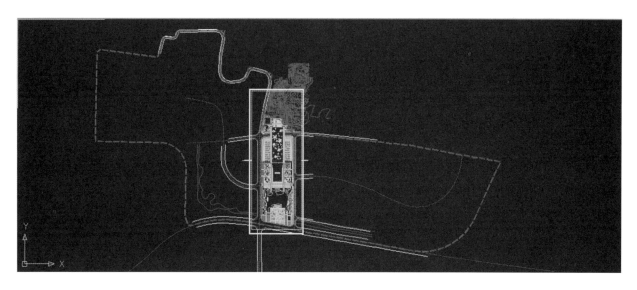

图3.1　青云山广场总平面

图3.2　左视图调节

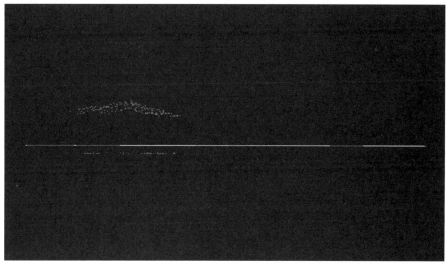

图3.3　左视图

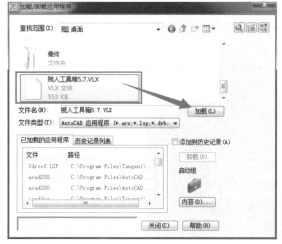

图3.4　Z轴归零插件

### 3.1.3 控制点、初步整理

比较正规的平面图都是分图层绘制的，那么正好可以利用这一点将图纸中的一些建筑、构筑物、植物、完整的微地形线和一些较为规整的部分区域移动到旁边方便我们查看整个图纸和整理工作。这便需要我们建立一个控制点，方便我们在移动这些图形之后能很准确地再移动回来。具体操作如下。

利用天正建筑插件的图层管理 ，关闭其他图层工具，能很轻松地将要移动的部分完整的移动到一旁。如图 3.5 所示将植物、木栈道、廊架、地形线、较为规整且在图中与其他线没有交集的 4 个小游园以及风筝广场分别移动到一旁。待我们最后将整理好的平面导入 SketchUp之后就可以利用图中最外面的矩形框将其完整的对准回来这就是所谓的控制点。这个控制点也可选择用红线等在修改方案时不会进行改动的线。

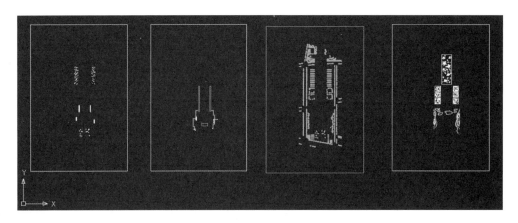

图3.5 整理好的植物、木栈道、廊架、地形线等

然后针对图纸中大面积的铺装填充图案、道路中心线直接删除留出完整的底平面即可，这些地方在 SketchUp 建模中直接赋予材质。如图 3.6 所示。

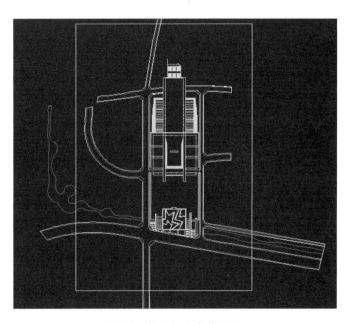

图3.6 整理好的完整平面

### 3.1.4 检查纰漏、建立块

在整理过程中我们需要时刻留意被我们移动过图形的地方特别是在廊架、地形等有高差的地方。如图3.7所示，将廊架移动开之后下面的廊道就缺少线，这便需要我们在整理过程中将这部分线补齐。

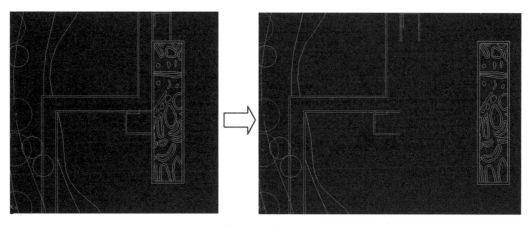

图3.7 补齐廊架线

在对地形线的处理上需要注意的是地形在设计中常常会跨过一些景墙或者木栈道等，这时候应该检查被移动开的地形线是否被这些构筑物所打断，如果打断需要将这部分地形线补齐，否则无法生成一个完整漂亮的地形。如图3.8（左）所示，地形线和驳岸线被木栈道和廊架所打断，所以我们将其补齐再移动到一边，如图3.8（右）所示。

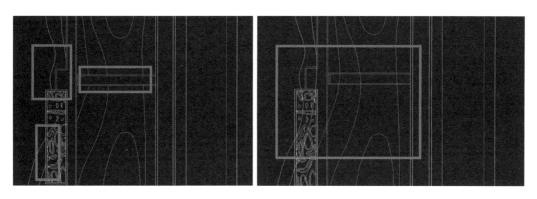

图3.8 补齐地形线

还需要值得一提的是在AutoCAD图纸整理中，合理地建立块会让我们在SketchUp建模过程中节省不必要浪费的时间。在AutoCAD图纸中建立的块在导入SketchUp之后软件会自动识别为组件且在SketchUp中组件是单独的部分不以外面的线和面有连接性，我们恰恰利用这一点可以在AutoCAD图纸整理时将同一种构筑物或是同一种植物编辑为一个块。

### 3.1.5 图层归零、图层清理

整理完成之后，我们需要将图纸中所有的内容选中统一归到一个图层中，并对多段线（pl线）画出的地形等弧线进行炸开得到圆弧的线，此时导入SketchUp后的圆弧线便是整弧，而不是一段一段的断线；然后利用清理工具（快捷键 PU）清理图纸上未使用的项目。减少一些不必要的信息以便更顺利建模，如图 3.9 所示。

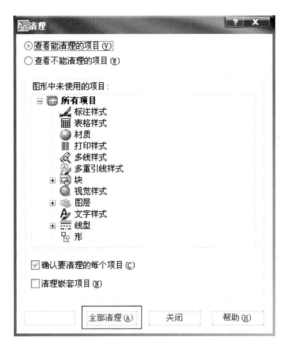

图3.9 清理图层

## 3.2 AutoCAD 图纸导入 SketchUp

完成整理工作之后，下一步便是将整理好的图纸导入到 SketchUp 中完成封面工作。

### 3.2.1 参数设置

如图 3.10 所示，选择整理好的 AutoCAD 图纸导入到 SketchUp 中，根据 AutoCAD 图纸中的单位在"选项"中选择对应的单位（图 3.11），这样能保证 AutoCAD 图纸导入之后能与 SketchUp 中设置的单位对上，本案例以米为单位。

图3.10 导入SketchUp

图3.11　导入参数设置

## 3.2.2　分层管理

导入完成之后，我们首先需要将不同类型的线条或是组件进行分层管理，方便在建模过程中编辑和查看。打开图层工具后将导入的文件中的一些未清理干净的废图层删除即可，选择除 0 图层外的所有图层然后全部规整到 0 图层，如图 3.12 所示。再根据整理的图纸分别建立对应的图层即地形、乔木、灌木、水体、构筑物、人物等，如图 3.13 所示。然后分别将导入的内容移动到对应的图层即可完成编辑，如图 3.14 所示。

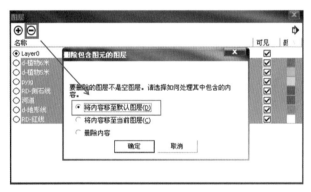

图3.12　图层归零

图3.13　图层建立

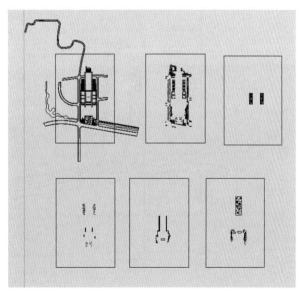

图3.14　完成导入、分图层

### 3.2.3 检查纰漏、建立组件

做完上述步骤之后便需要我们浏览全图，对比较明显的未封口处或者多线处进行相应的编辑。对于图纸中同样的构建我们可以选择编辑为组件，这样能在后期建模的时候减少做不必要的重复工作。

## 3.3 封面

一切准备就绪之后，便是最后的封面工作了，封面设计是一件非常细心且费时的工作，细心的是封面的时候需要我们逐个点地检查是否已连接，头疼的是当我们遇到一些地方怎么也封不上面时最着急又无奈。

### 3.3.1 插件的应用

关于封面的插件有很多，但是纵然使用效果好的插件在面封上，也不一定能够满足我们建模的需要。封面的工作是为了下一步建模时能够完成推拉或是偏移等命令，所以建议使用以下两款封面插件，便可完美地完成封面工作。即以下两个插件 Make Faces  Label Stray Lines 。

首先先利用 Label Stray Lines 插件对整个平面进行操作如图 3.15 所示，在标有数字的地方就是需要我们检查的地方，放大之后就可以看到弧线与其他线交接的地方往往没接上或是超出一部分，这就需要我们逐个排查并连接好或者删除超出的部分。如图 3.16 所示，其实有问题的线就一小点。

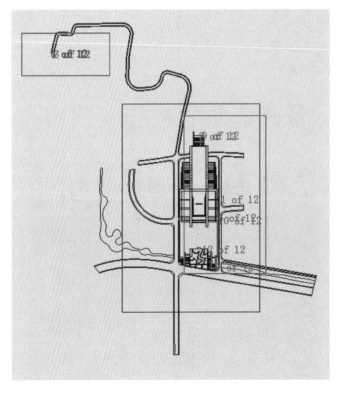

图3.15 检查未封口点

图3.16　未连接或超出的点

完成排查和连接线头工作后，便可利用"工具"菜单下的 Make Faces 插件，完成封面工作。在利用这个插件时不建议全部选择后使用这个插件，这样软件需要计算的量太大很容易导致卡死，所以采取部分分开使用为上策，如图 3.17 所示。

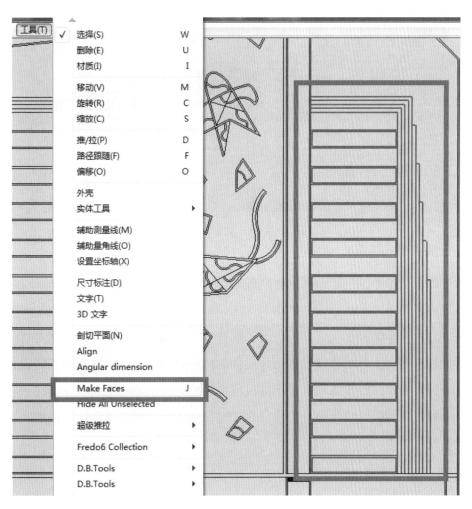

图3.17　选择部分线进行封面

## 3.3.2　排查

初步的封面工作在完成封面之后需要对封好的面进行排查，找出一些错误的地方，如重面和少面的地方，如有重面则删除这些面重新再封一次即可。然后我们将移动到旁边的 4 个小游园和风筝广场采取同样的方法封面，再利用控制点移动回到原平面上完成封面工作，如图 3.18 所示。

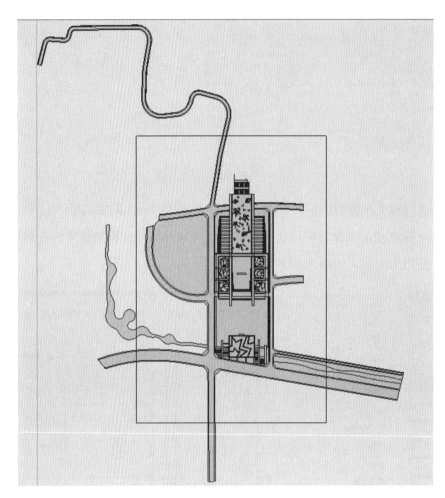

图3.18　完成封面

# 本章小结

封面工作在整个建模过程有着举足轻重的作用，概括起来从清理 AutoCAD 图纸到导入SketchUp 中，图层和组件、组的管理思路结合插件的使用及手动的连线和删线等完成封面。一个完美的封面会让我们后面推敲设计的工作进行得很顺畅，减少由于一些重面、错面或是线头等问题导致的模型意外卡死，也能带给设计师一个愉快的建模深化体验从而激发设计的灵感，这便是软件辅助设计的最大功效！

# 第4章
# 草坡入水建模表现

SketchUp 中草坡入水的建模是一个难点，很多设计师在 SketchUp 中处理比较复杂的水景时犯了难，特别是水体上架空有构筑物时往往不能很好地在模型中表现真实的架空效果。本章将针对这一难点进行详细的分析讲解。

## 4.1 草坡入水思路分析

### 4.1.1 草坡入水内部关系

首先我们要理解 SketchUp 中草坡入水、水体、池底三者的关系。入水草坡地形每个侧面要单独建出地形，池底只需做成平面即可，而水体低于地面预留出一定的水位线，如图 4.1 所示。

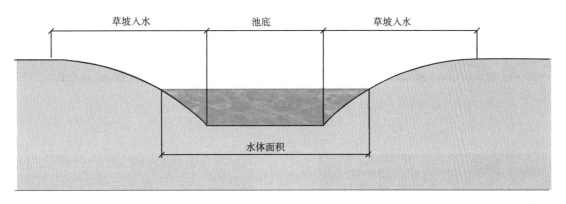

图4.1　SketchUp中草坡入水剖面示意图

真实水体的池底并不是一个大平面，但在 SketchUp 中并不需要做成很真实的弧面，直接做成平面反而更方便给池底上材质，且整面在材质的表现效果上也会强于弧面。

### 4.1.2 AutoCAD 图纸的整理

但是在绘制 AutoCAD 图纸时水系的等高线并不一定都画出来，或者有等高线被其他构筑物打断时（图4.2），这时需要我们明确知道水系的边沿以及与其他构筑物衔接的关系，如果是架空的构筑物需补全等高线（图4.3、图4.4）。而要做出草坡入水的地形至少需要三根等高线，紧接着便需要绘制出其他等高线，绘制过程中切忌直接偏移等高线而导致建出来的地形缺乏设计感。

草坡入水的 AutoCAD 图纸整理是比较繁琐的过程，我们在绘制其他等高线的同时注意把握好草坡入水的坡度。图 4.5 为整理好的草坡入水 AutoCAD 图纸。

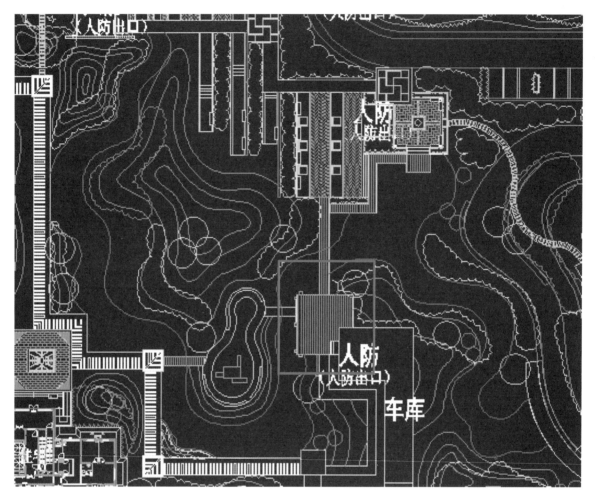

图4.2 初始AutoCAD图纸

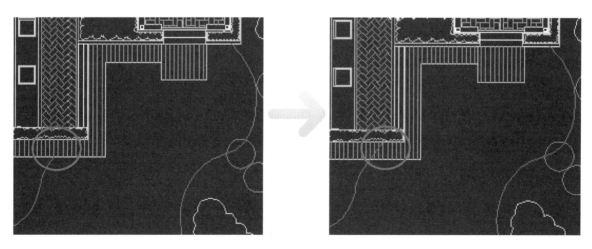

图4.3 连接被架空栈道打断的水系

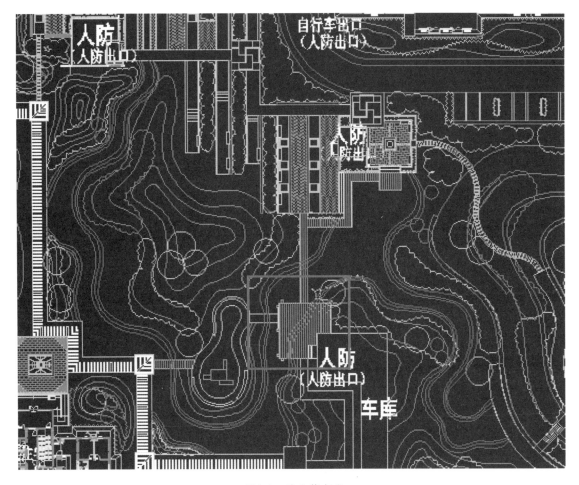

图4.4 补全等高线

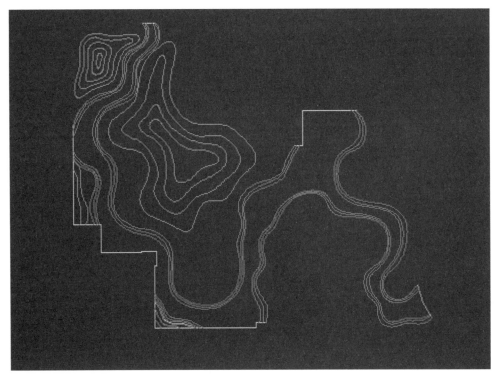

图4.5 整理后的草坡入水图纸

AutoCAD 图纸草坡入水部分的整理需要注意三点：①线段需要完全闭合，满足 SketchUp 封面的基本条件；②避免出现地形线跨入水系的绘图错误；③连接上被架空构筑物打断的等高线。其他要点遵循本书第 3 章。

# 4.2 草坡入水 SketchUp 建模

草坡入水也是地形的一部分，因此建模的方法大同小异。都需要推拉出台阶式的体块，只是普通地形是高于地面，而草坡入水是低于地面而已。

## 4.2.1 建模初步

### 1.推拉出体块

AutoCAD 图纸导入 SketchUp 之后，首先进行封面，封面过程中为保证草坡入水的等高线能推拉出不同高差的体块，部分最外层等高线没面的情况下需要添加辅助面，如图 4.6 所示。

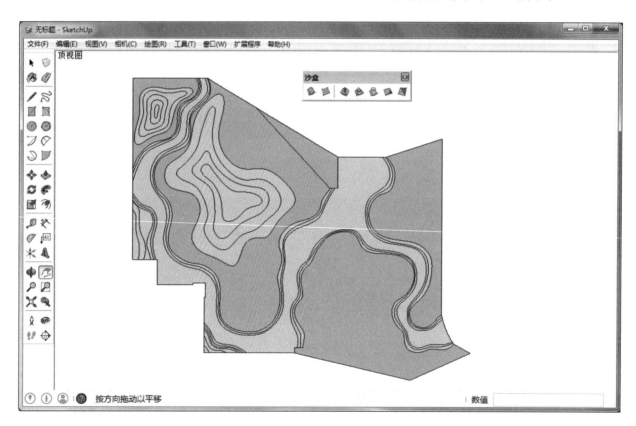

图4.6 添加辅助面

图 4.6 中浅蓝色的面为添加的辅助面，而能将等高线推拉出不同高度的无需添加。

紧接着我们跟做地形一样推拉出体块，最里的一层等高线必须保持与池底持平。在推拉过程中需把握好草坡入水的坡度，从工程的角度上合理的放坡度数应该在30°左右，最大不应超过45°，否则会导致水土流失，如图 4.7 所示。

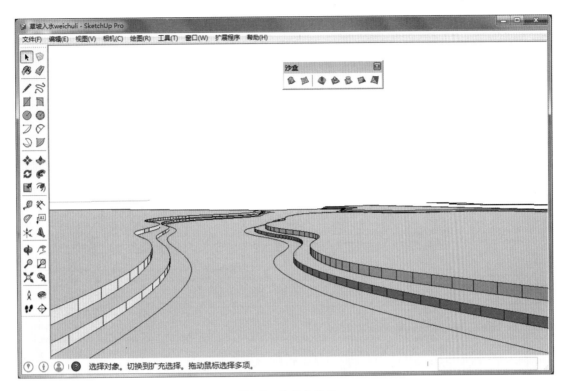

图4.7　推拉出体块

之后我们将地面打组，打组的意义在于将池底独立出来，并可将每个区域的草坡入水分离，实现单独生成地形的目的。为了使水面能完全地覆盖草坡入水地形，我们将顶面封上，如图4.8所示，作为水材质的贴面。因水面在最后阶段才会处理，所以可按任意轴暂时移动一定的距离，使用时再按照一定距离移动回来便可对位。这时利用沙盒工具逐一生成草坡入水地形，如图4.9所示。

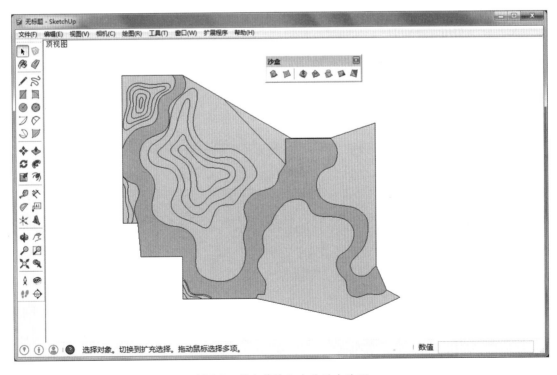

图4.8　封上草坡入水的最上边面

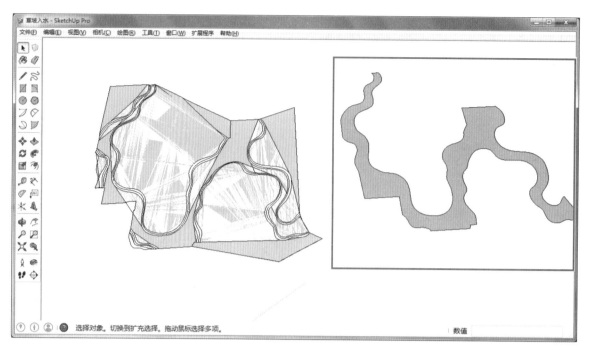

图4.9  单独生成草坡入水地形

沙盒生成地形时也会有许多不必要的面跟着生成，为了能方便地使用框选地方式清理废面，切记不要将整个草坡入水一起生成地形。

2. 地形的处理

我们在"视图"下勾选"隐藏物体"，让被柔化的地形线条以虚线的形式显示出来并分离面，如此便可清理掉这些废面。进入地形群组后采用从右边框选清理大面积废面结合橡皮擦清理小面积废面的方式进行清理，如图 4.10 所示。

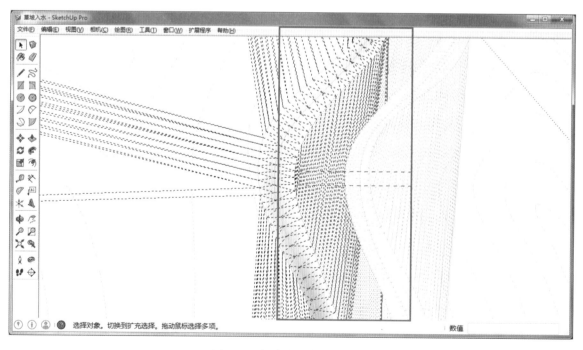

图4.10  框选的方式清理废面

清理废面是一个枯燥的过程，这些废面与其他不同材质产生的重面一定程度上会影响图面的效果，如果时间应许的情况下尽量清理掉这些废面。

接着我们来看一下草坡入水地形的侧面有没有出现贴面的情况，如图4.11所示，边角直接断开的草坡入水很多情况下连接的是硬质的元素，如有贴面情况出现会出现地是直的错觉。因此可以利用移动工具按一下方向键上键锁定蓝轴修正模型，如图4.12所示。

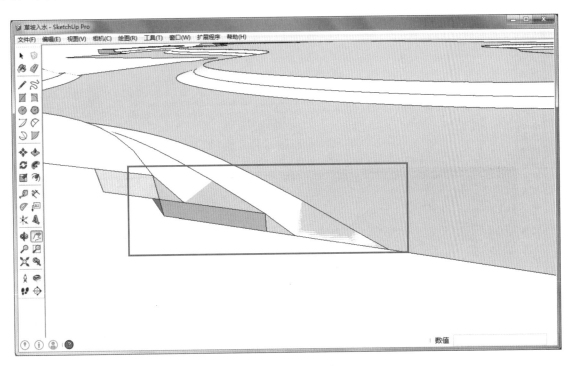

图4.11 边角贴面情况

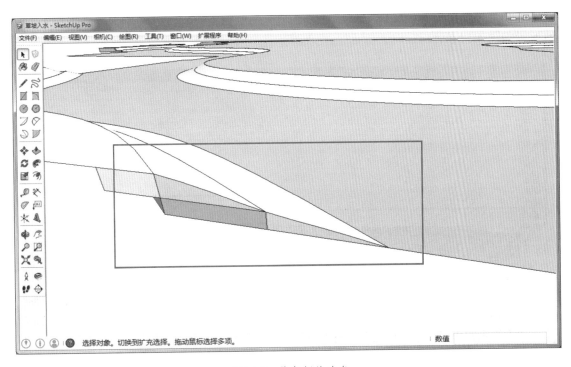

图4.12 修复好的边角

## 4.2.2　完善模型

### 1. 做出水面

整个水系还缺少水面，这时我们移回水的贴面，为增加水体的层次感我们需要做三层水的贴面，每层单独地调整纹理以减少纹理的重复性，并调低透明度，如图 4.13 所示。

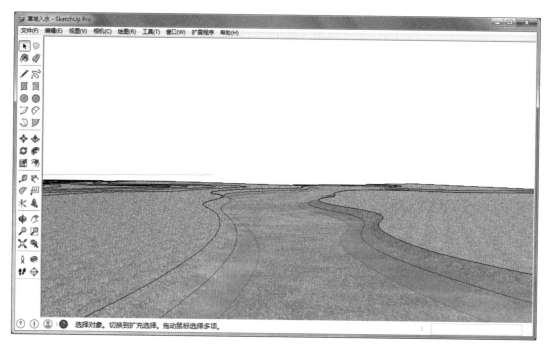

图4.13　做出水面

### 2. 周边地形

推拉草坡入水的高差后，可能附近的地形会有高差上的变化，在确保地形是在地面上后，做出周边地形，如图 4.14 所示。

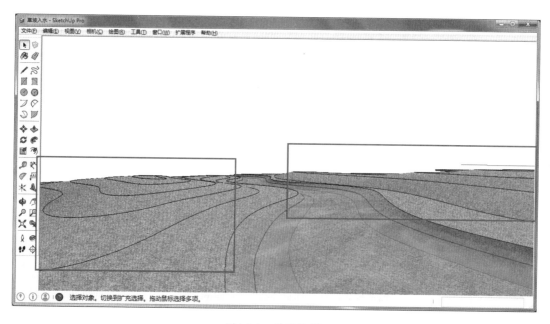

图4.14　做出地形

### 3. 删除辅助面

最后把之前添加的辅助面删除，整个草坡入水的建模就完成了，至于等高线可根据个人表达习惯选择是否保留，如图 4.15 所示。

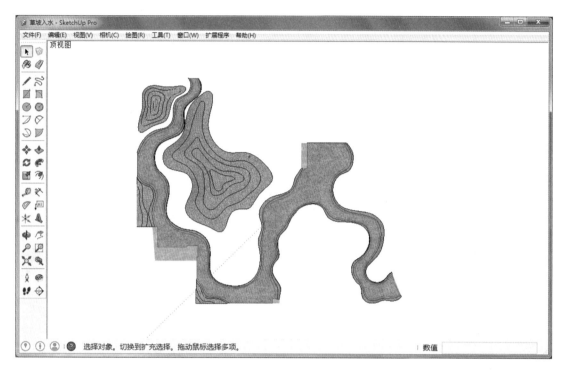

图4.15　草坡入水建模完成

如图 4.16 所示为将建好的草坡入水模型放入项目的模型中。

图4.16　模型中建成的草坡入水水系

## 4.3　草坡入水与其他元素的交接

### 4.3.1　与硬质驳岸交接

等高线在遇到硬质驳岸时是断开的，因此在 AutoCAD 图纸整理时就无需再补上等高线，建出来的草坡入水模型如图 4.15 所示，那么这部分的连接方式也很简单，如图 4.17 所示。

图4.17　草坡入水与硬质驳岸的交接方式

如果水体是直接交接硬质驳岸的话，要确保池底与水体贴面连接上硬质的驳岸，如图 4.18 所示。

图4.18　水体直接连接硬质驳岸

## 4.3.2 与架空的构筑物交接

如架空的木栈道下边还是有水的，因此需要把这部分木栈道底下的水面做出来，在 AutoCAD 图纸整理时需补全被打断的等高线。模型建出来后，根据控制点将木栈道放上便能表现出架空的效果，如图 4.19、图 4.20 所示。

图4.19 架空的木栈道

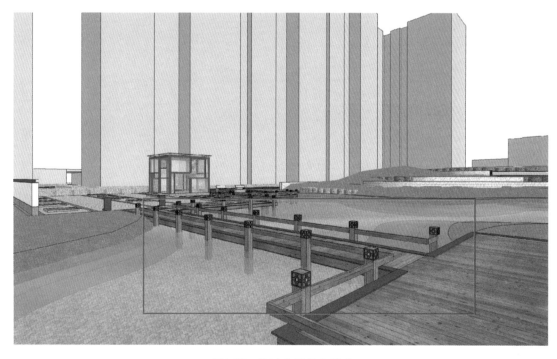

图4.20 跨过水面的木栈道

在遇到架空在水面上的构筑物时，一定要将构筑物与草坡入水分开建模，之后在进行合并，才能很好地控制他们之间的重叠关系，避免出现水面被其他构筑物打断的情况。包括桥洞、探出水面的平台等构筑物下边有水的情况下都需要在整理 AutoCAD 图纸时连接等高线并将构筑物移出单独建模。

# 本章小结

　　本章先对草坡入水的建模思路进行分析，之后详细地讲解了建模的整个过程以及需要注意的补全等高线、入水地形分开建模、做三层水通等要点，最后分析了草坡入水与其他构筑物交接的关系。设计师在 AutoCAD 图纸整理阶段需要明确构筑物与草坡入水的衔接关系，根据不同的衔接关系对等高线进行不同的处理，达到模型更能接近真实效果的空间关系。

# 第5章
# 地形处理深化

地形是景观设计中重要的元素。实景中地形多为曲面，但是 SketchUp 对于曲面处理能力相对偏弱，普通的地形一般用 SketchUp 自带的"沙盒"工具，在较难的地形以及较为复杂的地形上建道路的情况可以使用插件辅助。这一章我们来学习一下如何在 SketchUp 中处理各种地形。

## 5.1　认识沙盒及地形成面原理

从 SketchUp 5.0 以后，创建地形使用的都是"沙盒"功能。执行"查看"→"工具栏"→"沙盒"菜单命令可以打开"沙盒"工具栏。沙盒工具总共包含了 7 个工具，这 7 个工具分别为"根据等高线创建""根据网络创建""曲面拉伸""曲面平整""曲面投射""添加细部""翻转边线"（注：因 SketchUp 版本不同可能翻译会有所不同），如图 5.1 所示。

图5.1　沙盒工具

"根据等高线创建""根据网络创建"两个工具也可以在"视图"→"工具栏"→"沙盒"里打开工具栏。沙盒是 SketchUp 自带的插件，打开时也是要单独加载的，如果在工具栏里找不到"沙盒"请在"系统设置（参数设置）"→"扩展"里勾选"沙盒"便可加载沙盒工具。

地形建模主要用到"根据等高线创建"命令，等高线需要有一定的高差。才可以让封闭相邻的等高线形成多个三角面，由多个三角面形成地形的曲面。等高线不局限于曲线，其他性质的线使用该工具也可形成三角面，从而形成封闭的面。

## 5.2　沙盒工具地形建模步骤

根据等高线创建地形的操作步骤如下。

### 5.2.1　创建等高线

等高线可以在 SketchUp 中直接绘制，也可以在 AutoCAD 图纸中绘制再导入 SketchUp 中，如图

5.2 所示。在绘制等高线时切记不要用偏移的方法绘制，一般情况下在绘制方案 AutoCAD 图纸时都会将等高线绘制出来，AutoCAD 相对 SketchUp 来说能更好地控制线且精度更高，因此更能生成很好的地形。这里建议大家尽量使用 AutoCAD 绘制等高线再导入 SketchUp 的方法，以保证模型的质量及准确性。在导入 AutoCAD 图纸之前需要做文件的整理，关于 AutoCAD 图纸的整理在第 3 章中已经有讲解，这里不再重复。

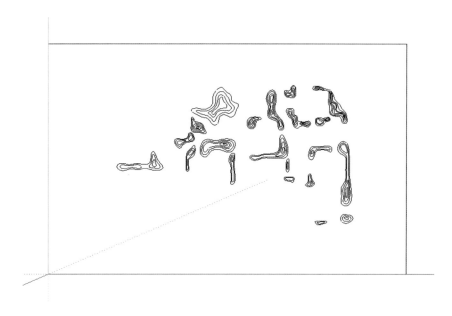

图5.2　等高线导入SketchUp

创建地形先对地形进行封面，再用推拉工具对地形推出一定的高差，最外层等高线不用推出高差以便更好地贴近地面。关于这个高差，在建模型的时候大多是根据每根等高线的等高距推拉出同样的高差。对于经验丰富的设计师来说做方案时对等高线已经把握得很到位，推拉一定的高差问题倒不是很大。对于在方案阶段没有把控好这些细节的设计师，在 SketchUp 中同样也是可以推敲出很好的地形。下面我们来继续学习在 SketchUp 中如何去进行深化并确保这个最终的效果。

## 5.2.2　地形深化处理

以任一地形来进行讲解。封面完成之后我们首先按照等高距推拉出一定的高度，如图 5.3 所示，并使用沙盒工具生成地形，接着从各个方面去观察所生成的地形是否符合设计意图。

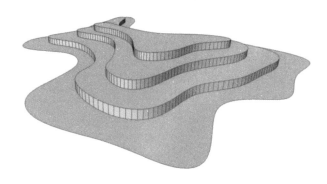

图5.3　推拉出一定高差的等高线

图5.4　某一角度地形形态

如图 5.4 所示，这个地形的整体效果并不能让人满意，如何去深化呢？我们从最初的等高线来进行调整，适当地再加些等高线来解决顶部不够平缓的缺点，还可以通过抬高底部高差的方式来优化地形的流线（图 5.5），最终还要确定地形的高度所需的。

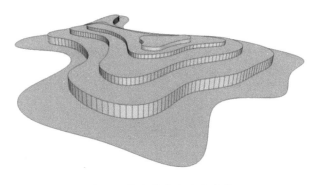

图5.5　抬高等高线底部高差

如图 5.6 所示为通过深化后做出来的地形。

图5.6　深化后地形

## 5.2.3　处理地形

当生成地形后我们会发现沙盒不够完美，因为生成了一些不需要的线、面，以及局部的网格边线不正常等情况。这时候我们需要手动删除一些不需要的线和面同第 4 章"地形的处理"的方法，以及使用沙盒自带的"翻转边线"工具来进行一些细部调整，如图 5.7 所示。

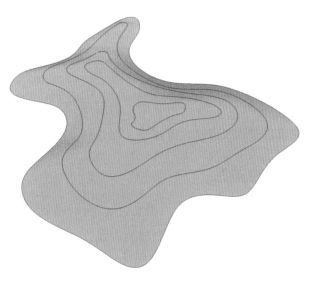

图5.7　处理后地形

用沙盒工具生成的地形确实有时候不够完美，不像真实地形那样具有很自然的坡度，通过不断地深化推敲处理这样做出来的地形才灵活不呆板，有缓坡的真实感觉。

## 5.3　地形被构筑物切割的处理

项目中如有地形被构筑物切割的情况，在导入SketchUp之前，先要在AutoCAD图纸中处理一下地形的等高线。

处理地形等高线原则如下。

（1）等高线是地形的骨架，所以一个漂亮的地形与等高线有着非常大的关系。在处理等高线时可以把弧线段数增多一点，让曲线更圆滑一点。因为段数比较少情况下生成的地形是一段一段的，比较难看。

（2）一般等高线都是三条或者三条以上。如果使用两条等高线也可以，但两条等高线生成的地形是一个比较生硬的面（甚至像一个斜坡似的平面）。如果有三根等高线的话就会比较圆滑、美观。

（3）画等高线一般不用偏移，偏移的地形过于呆板。

### 5.3.1　简单的切割关系

若是AutoCAD图纸中有一些不需要的线、面，将其删除便可；若是局部的等高线被截断（图5.8），那么我们需要手动补全等高线，如图5.9所示。

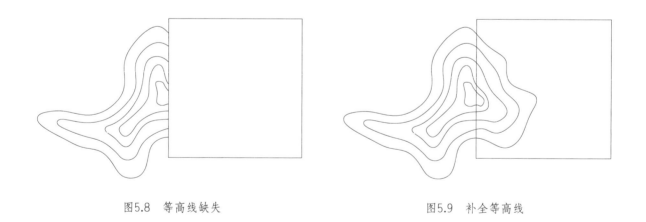

图5.8　等高线缺失　　　　　　　　　　　　　　图5.9　补全等高线

这时把处理好的AutoCAD图纸导入SketchUp中，然后用"沙盒"工具建出地形，分别对地形和构筑物单独成群组，方便以后移动或者修改等操作，图5.10为正确的衔接关系。

### 5.3.2　多个地形被切割的关系

项目中有时会遇到多个地形被切割的关系（图5.11），这时候我们采取被切割地形单独建模的方式（图5.12），不建议把所有的地形一起生成模型的方式，这样需要处理的费面将会很多，也不利于后期材质的赋予。

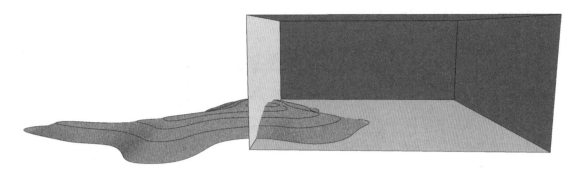

图5.10　地形与构筑物的衔接

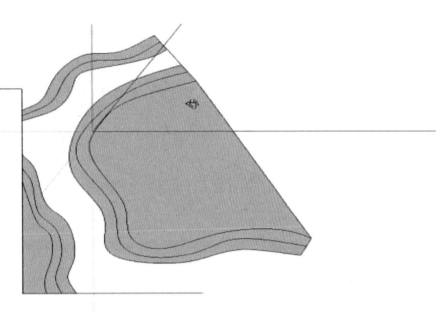

图5.11　多个地形被切割的关系

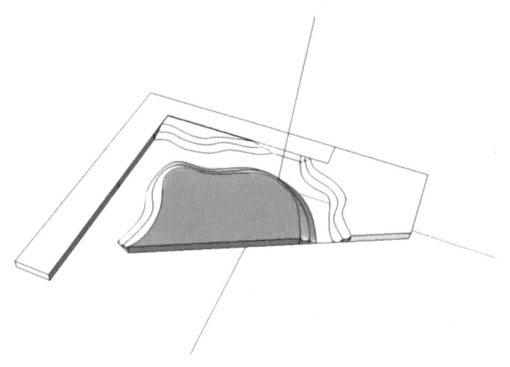

图5.12　被切割地形单独建模

最后把生成的地形和构筑物合在一起,如图5.13所示。

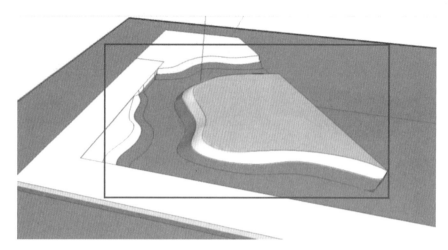

图5.13 地形与构筑物模型合并

# 5.4 地形上做道路

上面讲到了怎样做出地形和处理地形,这里就不再做说明了,处理后的地形如图5.14所示,因此这里直接讲解具体的建模方法。

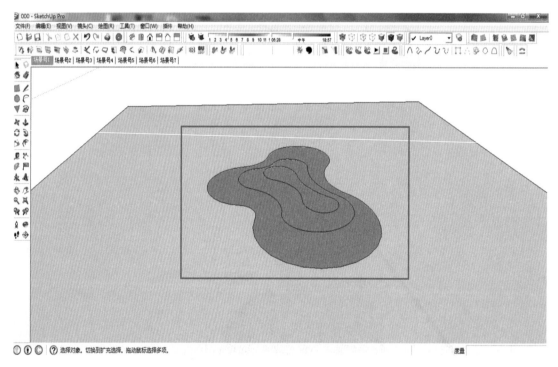

图5.14 处理后的地形

在建模时需要思考地形和道路之间的相互关系,然后再根据它们之间的关系做出相结合的道路。而他们的关系应该是道路高于地形的。

首先分别对地形和道路成群组,把道路移动到地形上相应的位置;然后把道路向上移动一定的距离,如图5.15所示。

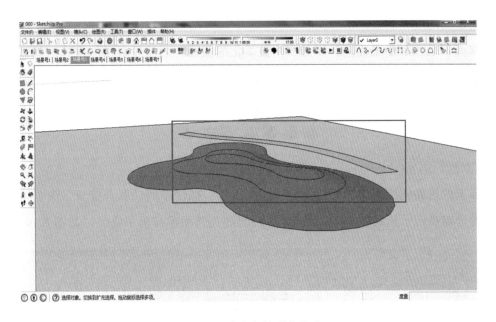

图5.15　道路与地形的关系

**1. 做出地形上的道路面**

这里有两种在地形上做道路面的方法，一种是用推拉工具将目前的道路面推拉出来使之与地形相交，然后用模型交错做出紧贴地形上的道路面；另一种是用"沙盒"中的"曲面投射"命令（图5.16）将目前的道路投影到地形上，并形成面的方法。由于第一种方法操作步骤较多，因此选用第二种方法。操作步骤：先选择上面的道路群组，再点击"曲面投射"工具，最后再点击一下地形群组，这样一个完美的道路面就出来了，如图5.17所示。

图5.16　"曲面投射"命令

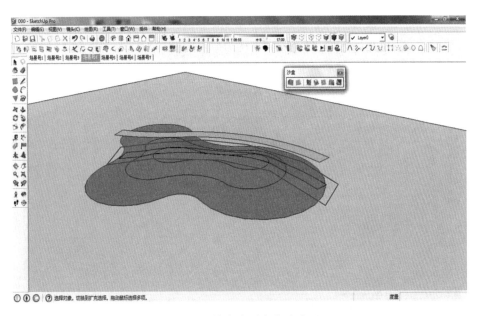

图5.17　做出地形上的道路面

### 2. 推拉出道路高度

由于道路面不是在一个平面上，而是一个被柔化的曲面。因软件自带的推拉工具无法对曲面进行推拉，因此我们利用"超级推拉"插件进行曲面的推拉（图5.18）。

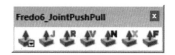

图5.18　超级推拉工具栏

先对地形上的道路面成群组，然后使用"超级推拉"插件中的"联合推拉"命令将道路面向上推拉出合适的道路高度，然后按 Enter 键确认，此时的道路便推拉出了高度，如图 5.19 所示。

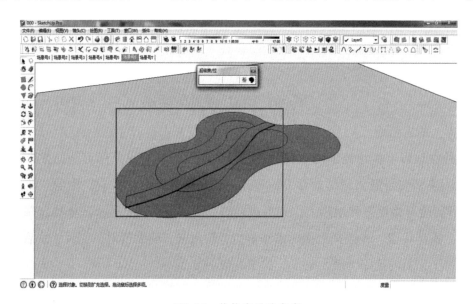

图5.19　推拉出道路高度

做出道路的高度之后给它赋予道路材质贴图，并调整好纹理大小，此时地形上的道路便已完成建模，如图 5.20 所示。

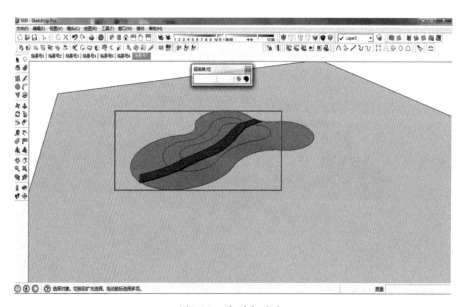

图5.20　地形上道路

# 本章小结

　　景观地形是在园林绿地范围内做地形的起伏状况，在园林景观中，适宜的微地形处理有利于丰富景观元素、形成景观层次、产生空间围合感达到加强园林艺术性和改善生态环境的目的。

　　本章主要分几个小节详细地介绍了地形的深化处理，以及地形在景观设计中的运用。从认识沙盒及地形成面原理，到沙盒地形建模的深化处理；然后再到多个地形建模方法和地形与建筑物之间的处理关系。用图文并茂地形式清楚地介绍了地形的处理手法与过程，最后一小节又详细讲解了在地形上做道路的具体建模方法与思路。本章主要讲述的是实战方法和思路内容，希望读者能熟练掌握并灵活运用，以便能更好地在 SketchUp 中推敲地形所形成的空间感受。

# 第6章
# 配景楼建模表现

本章将结合两个不同类型的配景建筑实例（矩形配景建筑和弧形配景建筑），向大家讲解如何结合 SketchUp 软件来设计表现配景楼，并分别从效果表现、技术和设计方面来讲解我们进行配景楼建模的原因以及在建模过程中的注意事项。配景，顾名思义是相对于主景而言的其他次景，配景楼是作为配景的建筑物，在效果图表现的层次中通常作为背景，用以衬托主体景观。

## 6.1 为什么要设计配景楼

在实际的项目中，建筑通常由专门的建筑公司来进行设计和表现，在景观设计中除了充当背景与配景的作用外，另一功能是推敲景观与建筑之间的关系，及建筑的出入口、开窗的位置、建筑风格所用的材质等因素对景观的影响，从而使景观与建筑能融为一体。

在没有建筑模型的情况下常常需要根据建筑效果图进行配景建筑的建模，配景建筑在景观表现中尤为重要，具体有以下几点原因（图6.1、图6.2）。

图6.1 无配景建筑效果图，缺乏空间层次

（1）从效果表现来讲，建筑是景观表现的重要背景，将配景楼放入景观设计模型中才能更好地体现景观场景带给人们的空间感受。景观效果表现不仅仅是植物、小品等元素的表现，更重要的一点是空间关系的展现，通过配景楼与景观元素之间的关系，能很好地体现出场景感。

（2）从技术上来讲，一方面我们需要对配景楼的整体体块有较清晰的认识，以便合理利用组和组件来进行模型的构建；另一方面配景楼的建模需要对模型量进行控制，既不能太复杂，也不能太简单。这就需要我们对配景楼的细部进行简略的概括，以满足表现的需求。

（3）从设计上来讲，景观设计需要与建筑设计的风格相和谐统一，并根据建筑的构造合理的设计景观，而配景楼的建模过程正是对建筑风格及构造深刻理解的过程。

图6.2 增加配景建筑效果图，层次丰富

## 6.2 配景建筑建模注意事项

配景建筑作为景观效果图的重要组成部分是必不可少的，虽然不需要我们对建筑进行设计推敲，但考虑到配景建筑作为背景及明确构造的作用，建模过程中需要注意把握模型的深度。

初学者要不忽视配景建筑，只是推拉出简单的体块导致深度不够而影响整体的景观效果，要不过分重视配景建筑，过分细致而导致模型量过大。以上两种错误都是由于对配景建筑在景观模型中的重要程度认识偏差而造成的，从而没能很好地把握配景楼建筑的建模深度。

在实际操作中，需要注意化繁为简，合理使用组和组件以减少重复建模的工作，从整体出发先建出体块关系再对细节进行刻画。

# 6.3 矩形配景建筑实例建模

## 6.3.1 得出配景楼的尺寸

如果有配景楼的 AutoCAD 平面图，就可以直接从图中得知配景楼的长、宽、高。如果没有配景楼的 AutoCAD 平面图，也可以从效果图中推算一下配景楼的平面尺寸，或者从总平面图的建筑轮廓线中得出其平面尺寸。至于高度，可以通过数楼层的方式粗略推算出来。

如图 6.3、图 6.4 所示，我们的例子可以看作是由三个部分构成的，中部以及左右两部分，其中左右两部分对称，因此只需要建出左边或右边的一个部分再将其设为组件再镜像到另一边便可。

图6.3 建筑正面

图6.4 建筑背面

按照以上建模思路首先对其进行体块的概括归纳，及可将其归纳为几个简单几何体的穿插关系，根据其关系并做出平面上的穿插关系，如图 6.5 ~ 图 6.7 所示。

图6.5 配景建筑中部

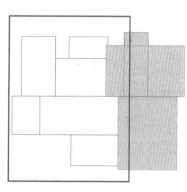
图6.6 配景建筑中部和左半部分

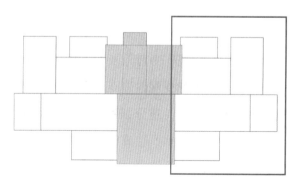
图6.7 将左半部分镜像到右边

在有平面关系后参考图 6.3、图 6.4 推拉出建筑的高度，就可得出建筑大致的体块关系，如图 6.8 所示。

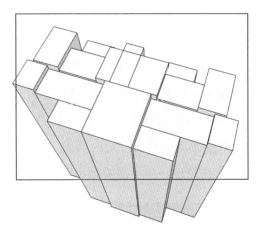

图6.8 将平面推拉出体块，推敲体块的穿插关系

这里需要注意，初学者常常会采用先建一层楼再复制的做法，这种方法最大的弊端在于容易只见树木不见森林，缺乏整体的考虑，从而导致对建筑整体的形态把握不准。此外对于体块穿插复杂的建筑，这种方法不仅很难达到效果还容易导致模型量过大。

## 6.3.2 推敲配景楼构造关系

有了整体的体块之后接下来就是细部的构建，我们的思路是先建出单体的门或窗作为一个单元，之后将其阵列。同样这里不推荐将每一层单独完整建模出来后再进行阵列的方法。

## 6.3.3 中部细部构造

建模的过程中应该同步赋予材质（图 6.9），其一便于随时观察材质的搭配是否合理，其二建筑的体量与材质有着密切的关系，材质的不同直接影响整个建筑的风貌感（1m³ 的石材显然不同于 1m³ 的木材）。

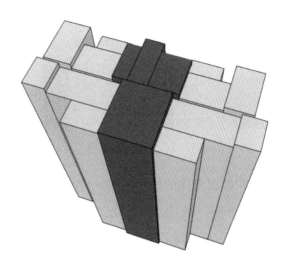

图6.9 建模过程中同步添加材质

1.窗体建模

窗体建模是配景建筑细部建模过程中十分重要的一步，因为几乎所有的建筑立面都主要由窗体构成。SketchUp软件有一个切割开口的特性，这一特性对于建筑模型中窗体的建模和修改非常有用。具体表现为：设置窗体为一个组件并且选中"黏附于"—"任意"（Glue to—Any）之后，移动或者复制这个窗体都会在相应的墙面自动开洞。以下是具体的步骤。

第一步，根据窗户的尺寸和建筑的模数画出窗户的边框（图6.10），这是在有具体尺寸的前提下，若是没有具体的尺寸可根据图片推出大致尺寸。之后设为组件，并注意选中"黏合"—"任意"以及剖切开口，"设置平面"处将红绿轴组成的面设定为墙面（图6.11），当方块被一个整面完全包围时，软件会自动识别，无需设置，注意这一步不需要画出窗户的细节，而是整体确定窗户的尺寸。

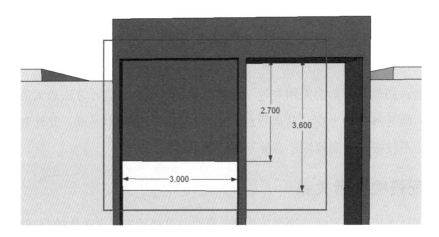

图6.10　根据尺寸，画出方块

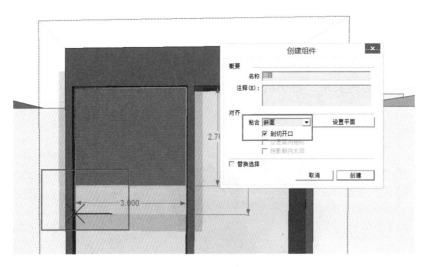

图6.11　创建窗体组件

第二步，根据效果图中的样式画出窗体的分割（图6.12），需要注意的是作为配景的建筑在后期效果图时，窗体的厚度根本感觉不到，而且过多的线、面反而会导致模型量增大，建模过程中也会增加电脑显示的负担。因此为了减少模型量和工作量建筑的窗体是不需要推拉出厚度的(图6.13)，此时一面完整的窗体建模已经完成了。

图6.12　画出窗体的分割

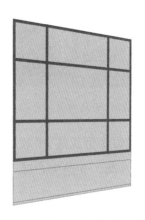

图6.13　窗体不需要推拉出厚度

注意在遇到比较复杂的窗体建模时，如果需要在窗体组件里打组或者组件时要注意切割开口的边线不能打组或者组件，必须保证切割开口的边线没有嵌套的关系，否则开窗的性质便会消失。在保证墙体是一个完整平面的情况下，切割开口的边线不全或是被组、组件嵌套是不能开窗的其中一个原因。

第三步，阵列，其他窗户的建模同理在这里不再重复讲解，这时只需对已经完成的窗体组件进行陈列得出窗体模型，如图 6.14 所示。

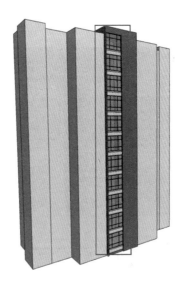

图6.14　阵列出整列窗体

2. 阳台建模

阳台建模较窗体建模的步骤略复杂一些，设组件后需要先推拉出阳台的体块，之后就和前面提到的窗体建模一样根据尺寸画出门窗，栏杆等的平面分隔，最后一步也同样是阵列出整面墙的阳台。

第一步，按照尺寸画出方块后打好组件，并推拉出整体的体块关系。按照由简到繁、由内到外的建模原理，完成简单元素的建模并及时赋予材质，如图6.15所示。

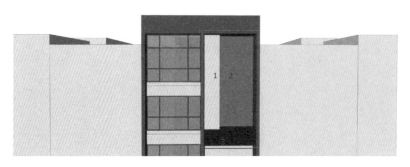

图6.15　设组件并推拉出体块

第二步，门窗的建模，用铅笔工具（辅以矩形工具，平移工具等）画出门窗大体的分割（图6.16），注意要符合实际的高度以及保证整体的协调。并给窗户赋予材质（图6.17），注意门窗无需推拉出厚度，之后与上述窗体的建模过程相同。

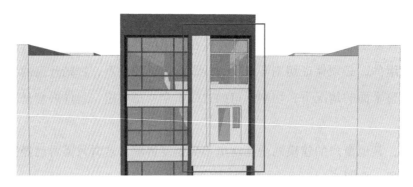

图6.16　画出门窗的大体分割

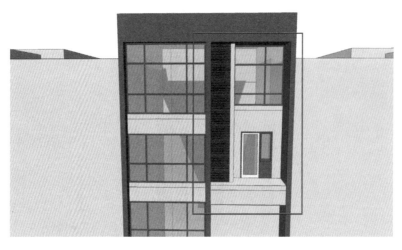

图6.17　赋予材质

第三步，画出阳台上的栏杆（图 6.18），同时注意整体的比例协调以及无需推拉出厚度，最终阳台的效果如图 6.19 所示。

第四步，阵列，最后得出如图 6.20 所示的效果。

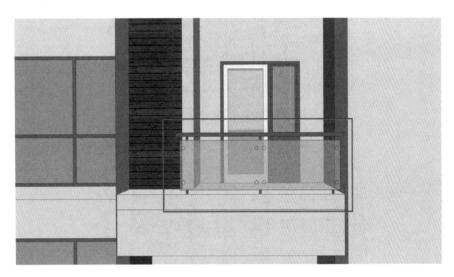

图6.18　画出阳台的栏杆，不推拉厚度

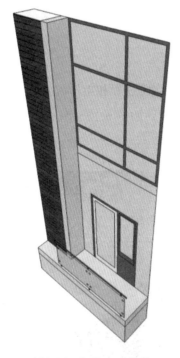

图6.19　阳台完成效果

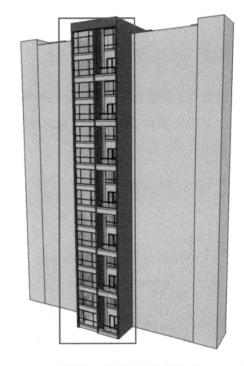

图6.20　配景建筑中部完成

## 6.3.4　其余部分建模

左半部分的建模和中部建模道理相同，在此不再赘述。右半部分由于是左半部分组件的对称因此可以同时完成，如图 6.21 所示。

图6.21　完成效果图

## 6.4　弧形配景建筑实例建模

弧形配景建筑也是在建筑中十分常见的一种形式，整体的建模过程和矩形配景建筑的建模过程类似，只是由于其有弧面构成因而在门窗的处理上要更为复杂，如图 6.22、图 6.23 所示。下面是具体的步骤分解。

图6.22　弧形配景建筑效果图

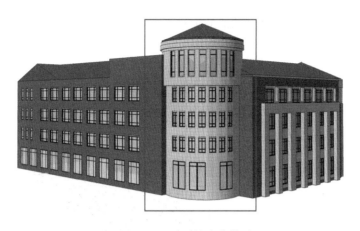

图6.23　弧形配景建筑模型

## 6.4.1　弧形配景建筑建模过程分解

第一步，体块推敲（图 6.24）。根据 CAD 平面图或总平面图中建筑的轮廓得出配景建筑的平面尺寸，之后，将其归纳为几个简单几何体的穿插关系，将体块推拉出来再进行整体的推敲。

图6.24　体块推敲

在体块推敲的过程中，最重要的就是从整体出发对配景建筑进行把握，一定要暂时忽略细节对配景建筑整体的体量进行把握。同时要注意合理设置组和组件，对配景建筑相同的部分直接设置成组件（图 6.25），简化步骤。

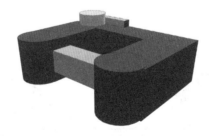

图6.25　注意体量大小，合理设置组和组件，简化步骤

第二步，曲面窗体建模（图 6.26），具体建模过程后面有详细讲解，在曲面上建模和在平面上不同的就是在 SketchUp 中曲面上如果不运用插件是不能直接像在平面那样用铅笔画出窗户的轮廓的，所以需要通过"柔化"工具将曲面变成多个平面组合而成，具体要视窗户的个数而设置曲面的

面数，再同样通过曲面阵列的方式得出其他的窗户。

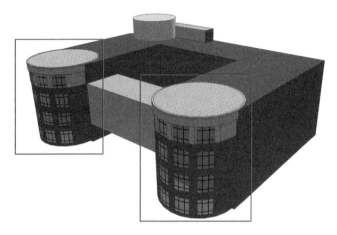

图6.26　曲面窗体建模

　　第三步，矩形体块窗体建模（图 6.27），建模过程同本章"窗体建模"知识点，这里不再重复讲解。

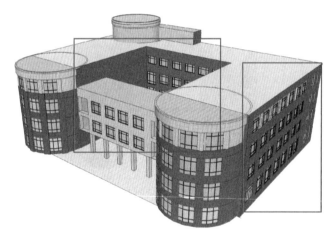

图6.27　矩形体块窗体建模

第四步，屋顶建模（图 6.28），建模时注意把握屋顶坡度及衔接的关系。

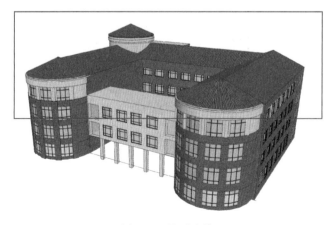

图6.28　屋顶建模

## 6.4.2　弧形配景建筑建模难点——曲面开窗

如图 6.29 为本案例建筑西南面的效果图，此建筑有两面弧形墙体，我们就以这两面弧墙进行曲面开窗的讲解。

图6.29　弧形建筑西南面

1. 曲面开窗的原理

在进行建模之前，设计者需明白，在 SketchUp 软件中最基本的单位是直线，换言之，任何曲线归根结底都是由多段直线构成的，而我们所看到的光滑的曲线其实只是由于直线的段数较多，从而忽略了直线间细微的连接。

熟悉 SketchUp 软件的人们都知道一般情况下在曲面上往往无法绘图（可以运用曲面插件，但这不在本章讨论范围），而曲面开窗就是需要我们在曲面上绘制窗体，最简单的方法就是把曲面转化成多个平面。

2. 曲面开窗的步骤

在绘制窗体之前，先观察窗体的数目，将曲线的段数调整为相同的数目（图 6.30），并将柔化设置为 0，之后在相应的平面上绘制一个窗体并为组件复制即可，如图 6.31 所示。

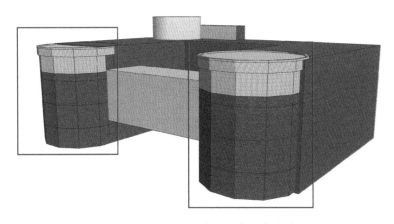

图6.30　将弧形的段数设置为开窗的数目

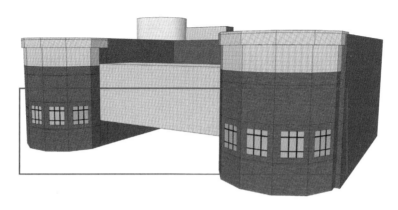

图6.31　在平面绘制窗体，并复制

之后参照建筑各个面的效果图完成其他部分的建模即可，如图 6.32 所示。

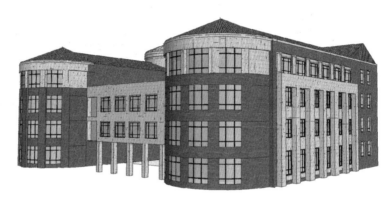

图6.32　弧形建筑模型

# 本章小结

　　建筑配景的建模不仅对建筑细部尺度及建筑整体空间的把握非常有帮助，同时也对园林景观建模过程中整体图面的表达大有裨益。主景固然重要，但作为配景的建筑在图面表达及推敲景观与建筑之间的关系时同样必不可少。通过本章对两种类型的常见配景建筑的介绍（矩形建筑和弧形建筑），可对在园林景观建模过程中作为配景的建筑建模过程有了一个详尽的了解，在实际建模过程中，需要注意对建筑的整体进行把握，突出配景建筑作为背景的作用，同时注意控制模型的细致程度，合理减少模型量。

每个设计的项目都会涉及单体的构筑物，小到灯具、花钵、树池坐凳、景墙等，大些的如廊架、亭、台、楼、阁、榭、枋、斋、轩等可独自形成一个小节点的构筑物。在本章中主要讲解的是大型单体的设计思路，以及如何在 SketchUp 中对其推敲设计的过程。

下面就以几个实例来进行讲解。

## 7.1　某项目瞭望台深化

此项目是商业景观过渡到自然生态景观的设计方案，如图 7.1 所示，左下方与商业建筑二层架空平台相连的"树杈"形空中廊道贯穿了整个景观轴线，空中连廊的其中一个分支连接了所要设计的瞭望台。瞭望台在道路十字路口的拐角处，多面面向于空旷的市政道路，从市政道路上需有出入口，另一面则是开阔的静水面，对景是台地式的下沉景观，最下边的一块草地与硬质边界的水面设有一条游览性的木栈道，瞭望台的一半在水面上，并连接水面两侧壮观的景观跌水。我们以这个项目中的瞭望台来讲解如何对单体构筑物进行深化。

图7.1　瞭望台节点鸟瞰图

## 7.1.1 构筑物框架推敲

从图7.2中学生的模型来看，在体量的关系上没有把握好，构筑物的结构也是成立不了的，更别说是美观度了。首先是构筑物支撑柱过少，其次是板面过于轻薄了，并且只有边界的圈梁，看起来很不结实。那么究竟怎么在SketchUp中去推敲深化这种单体的构筑物呢？先来看一下整个构筑物的尺寸吧，如图7.2、图7.3所示。

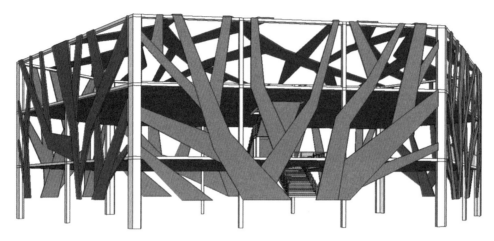

图7.2　学生模型

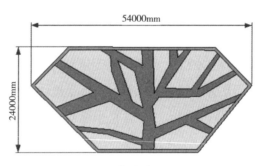

图7.3　构筑物尺寸

如图7.3所示,大型构筑物的体量关系高度应该至少有10多米,如果每层5m,就需做三层的高度,以保证体量上的和谐。而一般构筑物的柱体为300mm×300mm，越大型的构筑物的柱体应该做得更粗一些，否则构筑物就是显得过于轻薄，给人一种很不结实的感觉，尤其是在几个支撑拐角点的主要柱体上一定要给人看似更为结实的感觉,那么我们在每个拐角点做个600mm×600mm的柱体试试,如图7.4所示。

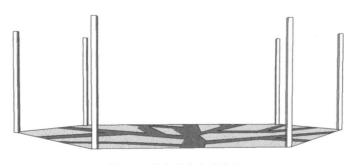

图7.4　做出拐角点的柱体

柱体看起来还是比较合适的，我们把楼层的圈梁架出来，构建出大框架，如图7.5所示。

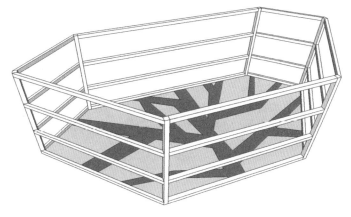

图7.5 做出圈梁

### 7.1.2 构筑物结构推敲

研究构筑物的时候，需从结构入手。目前需要考虑的就是结构怎样搭配能更美观结实。构筑物在画施工图的时候是需参模型，因此在模型阶段时构筑物的实施性越强，后期施工和设计效果越匹配。如在模型阶段构筑物的体量及结构不合理，施工图阶段或施工人员不得不去改变构筑物的外观及结构，将造成建成后将与设计效果差异较大。假设构筑物在一定程度上符合基本结构，建成后外观的变化相对会减少。

对于构筑物不管在结构上还是在美观的程度上都还有很大的深化空间。在做结构时，需要顺带考虑构筑物的结构及美观度，因此要先做出结构柱体及横梁再进行推敲。

如图7.6所示，其他层的横梁因为楼板可将其包入故没必要将其做出来，虽然这样做结构上没有问题了，但在柱体视乎有些过密，而且缺乏一些内在的变化，不具有美感。

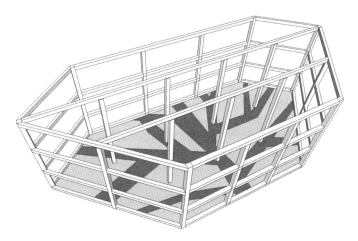

图7.6 做出结构柱体及横梁

从结构上出发，现在的这个柱体都是一样的大小没什么必要，毕竟不是每一根柱体都是主要的承重柱。既然有些柱体不需要承受太多的重量便可以将部分的柱体变细。选择需要变细的组件，右键设定为唯一并将这些柱体变细，如图7.7所示。

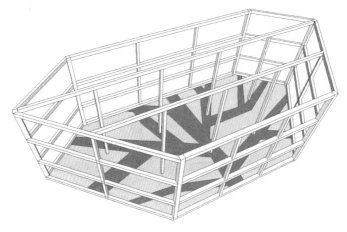

图7.7　调整部分柱体粗细

　　通过将其他次要的柱体变细后，结构变得更加的灵活生动，更具有设计的意味。

　　以瞭望台瞭望的性质作为出发点，因此在设计时最好是两面通透的，即不光是从里面能看出去，从外面也能看到瞭望台里人们的活动，这样才能吸引更多的人流。如此，从外面理应也会看到构筑物内部的结构，那么我们在平视的状态下观察目前结构所呈现的效果，如图7.8所示。

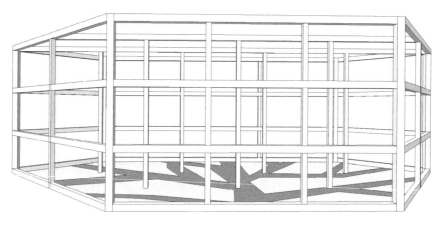

图7.8　平视观看结构

　　在平视的状态下构筑物也是有一定的美观度的，我们便可将一些比较固定的楼板等内容补上，并赋予材质，如图7.9所示。至此结构的推敲可告一段落。

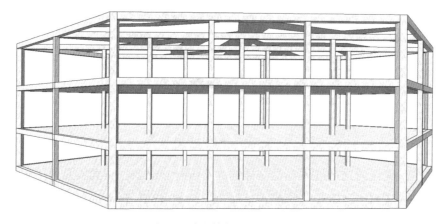

图7.9　补全楼板并赋予材质

## 7.1.3 构筑物的外部装饰设计

结构出来后，便可以去考虑装饰上的东西，根据项目中"树"的理念，可以在顶面及侧面上做些装饰性的树杈形态，这种符号的应用首先要结合功能。

接下来就是对装饰元素的符号提炼以及融合。每个面树杈的结合方式使它应该是连为一体的（图7.10），而不是如图7.2所示中都是单独存在联系的状态。

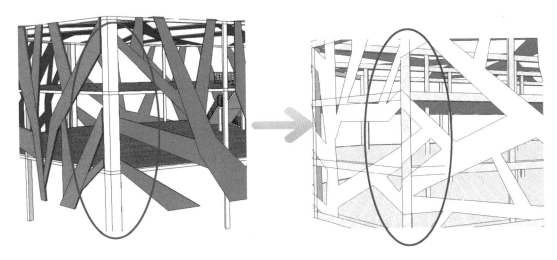

图7.10 修改树杈的连接关系

树杈的设计在功能上要满足人在平台上观景的需求，并且具有统一的感受。因此侧面树杈的形态也应该跟顶面一样是一个完整的树杈，而不是杂乱的几个树枝拼凑在一起毫无联系的填补空间，树杈的分支也应该有良好的美观度。那么带着思考的这几个问题将全部侧面的树杈形态在 SketchUp 里推敲出来，如图 7.11 所示。

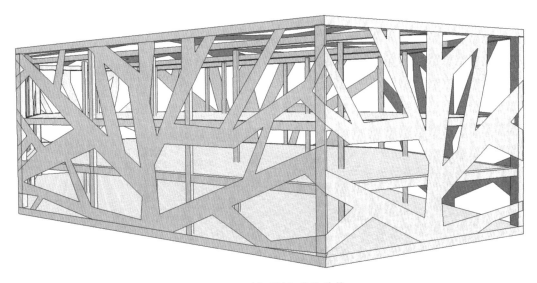

图7.11 侧面树杈推敲结构

树杈的形态在设计中是一个抽象的概念，因此树杈的大小无需按照真实的树枝大小顺序进行推敲，但要能把握其形态特征（图 7.12），而后推拉出树杈的厚度。

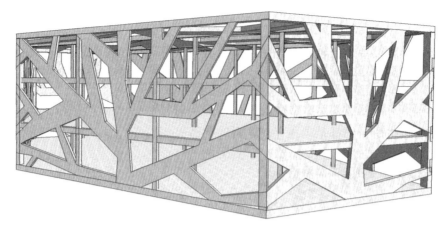

图7.12　推拉出树权的厚度

如图 7.12 所示，当我们推拉出树权的厚度之后，构筑物整体的内部结构显得过于繁杂，拐角柱也略微显得轻簿。而树权厚度已经可以起到支撑结构的作用，应去掉侧面上的一些柱体让其内部结构更加轻巧，并将拐角柱的柱体加粗处理，如图 7.13 所示。

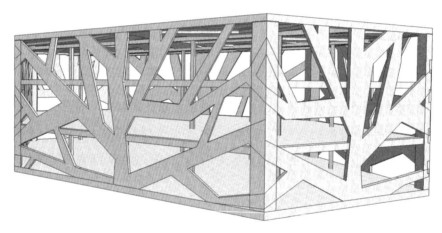

图7.13　去掉部分次柱基础拐角柱

现在的问题是拐角柱将各个侧面的树权给分割开来了。树权与结构的关系应该是树权把结构包起来，所以需将拐角柱往里移动些位置，以保证树权的连续性，如图 7.14 所示。

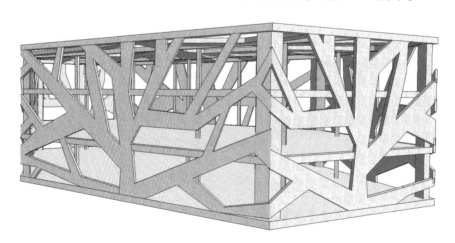

图7.14　移动拐角柱位置

## 7.1.4　构筑物的后期完善

目前构筑物的推敲工作已经完成了一大半，但还需给顶面加玻璃，并推敲玻璃、树杈、横梁直接的衔接关系。

三者的衔接关系有很多种，为了让人们从高层建筑俯瞰时能感受到整个瞭望台是被"树杈"包裹着的整体性，玻璃并没有直接的架在树杈上而是嵌在其中，这样做不管是从外部鸟瞰还是从内部俯视，都能体验到"树杈"的整体性，而玻璃直接搭在横梁上结构上也会更牢固，因此他们的关系如图7.15所示，这样的衔接方式施工时也是可以实现的。

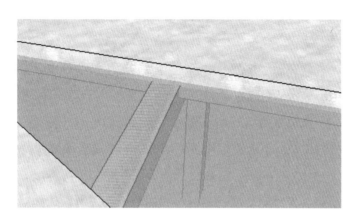

图7.15　三者之间的衔接关系

最后需要完善其他一些元素并做最后的微调，最终效果如图7.16所示。

图7.16　构筑物的最终效果

做任何设计都不是一蹴而就的，都是在慢慢的深化过程中逐步形成的。单体构筑物的推敲深化要想达到非常理想的效果，必须经历多次推翻设计的过程，并思考是否还会有解决问题的更好方法。任何一个展示在我们面前很理想的构筑物其实过程版就有N多个版本。

# 7.2 俄罗斯风格亭子深化设计

通过这个案例提供给大家另外一种单体构筑物在 SketchUp 中设计深化方法。那么一个合适的精美的构筑物往往在整个设计中起到支撑整个画面的作用，所以对于这部分的建模深化工作就显得尤为重要。关于俄罗斯风格景观设计案例在国内来说是比较少的，那么在面对不是那么熟悉的景观风格时，构筑物的设计步骤如下：

收集查找资料→总结归纳构筑物的特点和规律→利用 SketchUp 推敲完成构筑物设计。下面将以一个俄罗斯风格的景观亭做例。

## 7.2.1 收集查找资料

很多人出于各种原因喜欢在网上下载一些构筑物模型运用到项目中，其实这种偷懒是很不合适的做法。因为网上的模型不一定适合这个项目，且极有可能发生千篇一律、整体设计不协调等的"失误"状况。如何设计出一个合适且精美的构筑物呢？这与我们平时的经验积累和前期的项目定位分析及资料的收集有着直接的关系。下面将运用俄罗斯风格的景观亭做阐述。

1. 准备工作

在对构筑物深化之前建议先对整个项目进行详细的分析，理解设计师对项目的设计意图、风格定位、功能定位、尺寸大小比例的确定、色彩材质的运用等。

2. 各类网站、书籍收集需要的资料

充分利用各类景观网站和书籍收集项目所需的资料从而激发设计灵感。收集的资料可以分为这么几类：一是别人做好的景观亭，二是跟景观亭相关的资料。比如俄罗斯的建筑及各类装饰性的物体，甚至是一些跟俄罗斯相关的平面设计的作品，都可以作为参考依据。就国内而言，俄罗斯风格的案例较少，这方面的资料也是比较稀缺，所以这便运用到第二种收集方法，以百度图片为例对俄罗斯风格的景观亭的资料收集，如图 7.17 和图 7.18 所示。

图7.17 百度图片俄罗斯风格

Baidu百科　俄罗斯风格　　　　　🔍　　　✏编辑　★收藏　👍赞

## 1 俄罗斯风格设计要素

✏编辑

俄罗斯风格设计多以简练的色彩和冷静的基调为主，在强调理性冷静的同时又加入少许的出奇的创意加以配置，用《这个杀手不太冷》这部电影来形容它的风格最适宜不过。总体特征是轻盈、华丽、精致、细腻。室内装饰造型高耸纤细，不对称，频繁地使用形态方向多变的。如"C""S"或涡券形曲线、弧线，并常用大镜面作装饰，大量运用花环、花束、弓箭及贝壳图案纹样。善用金色和象牙白，色彩明快、柔和、清淡却豪华富丽。室内装修造型优雅，制作工艺、结构、线条具有婉转、柔和等特点，以创造轻松、明朗、亲切的空间环境。

俄罗斯风格设计以浅米黄色系作基调，地面与大块量体分割采用深胡桃色与深色对比强烈的视觉效果。选用深色麂皮沙发与胡桃木系家具突显质感，装饰品搭配自然系的后现代自然家饰来衬托空间的人文雅致气氛，整体空间感觉冷静、淡雅。

由于身处北国，木材资源丰富，俄罗斯人对木材是情有独钟的，连餐厅都不例外，桦木的地板，实木的餐厅桌椅，一切给人的感觉都是那么亲近温和。整体感觉简练之余还有一丝温馨，虽说看起来和中式的没有多大区别，但是感觉这就是俄罗斯风情。

俄罗斯风格设计 (28k)

## 2 俄罗斯风格搭配

✏编辑

据史料记载，俄罗斯民族最早都居住在森林周围，他们祖祖辈辈就地取材搭建居所，木材资源取之不尽，形成传统的以木质为主的结构建筑风格。自10世纪末接受基督教后受，宗教的影响开始出现石造建筑，但多用於公共建筑。这种石造建筑形式最主要的目的，就是一切以神为依归，塑造庄重曲雅伟大高尚的气氛，让信徒心生奉献之感。外观上形成了曲雅大方、高阔端正、顶

图7.18 俄罗斯风格文字资料

## 7.2.2 总结归纳构筑物的特征和规律

通过这些渠道的收集对本案例俄罗斯景观亭的设计有了一定的了解，接下来需要通过对这些资料的反复对比和阅读做深入的分析并总结出俄罗斯风格的一些特征。并采取写关键词的方法记录下其特征：在整体形式上来说俄罗斯风格的建筑体量都较为庞大，喜欢采用穹顶或是洋葱顶和锐利的屋顶，建筑的层级关系较为复杂，多为塔式，层层叠叠富有变化；在色彩和材质的使用上俄罗斯建筑喜欢使用暖色调且色彩饱和度较高较为艳丽的颜色，深红、金色使用偏多；在装饰上俄罗斯建筑装饰极其复杂线较关系非常丰富，主要集中在门头窗框柱子上，善于使用弧线元素作为装饰等。在结构上同样需要通过分析一些景观亭的结构做法仔细分析出各个部分的交接关系比如柱子与梁的交接关系、梁与亭顶的交接关系、整个亭子的支撑体系等等。得到这些规律之后结合案例设计出合理精美的作品。

## 7.2.3 利用 SketchUp 推敲完成构筑物设计

明白了这些关系跟特点之后如何利用 SketchUp 完成整个景观亭的建模呢？建议采取以下三个步骤完成深化设计：草图构思→组件推敲→材质搭配。

1. 草图构思

这个过程建议在纸上大致的勾勒出景观亭的轮廓图（立面图），重点在于分析其各个组成部分的尺寸比例关系：亭柱和亭顶的比例是否协调、亭顶的层级关系设计多少层是比较合理的、亭顶的造型是否符合俄罗斯风格的特点、大致确定色彩关系，如图 7.19 所示。

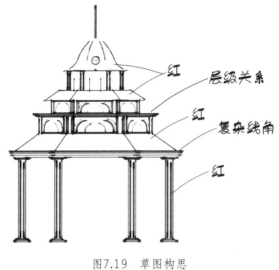

图7.19　草图构思

### 2. 组件推敲

有了草图的构思俄罗斯景观亭的初步设计方案已经成型，接下来便是利用SketchUp完成整个景观亭的推敲设计。需要设计的景观亭在平面图中的位置如图7.20所示，大致平面尺寸大小已经确定。

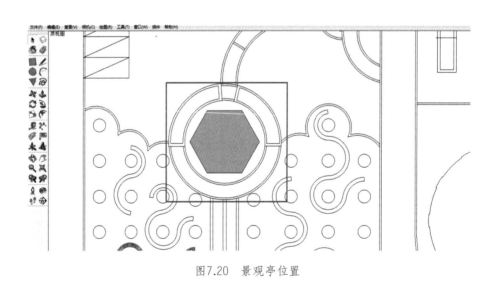

图7.20　景观亭位置

充分利用SketchUp中的组件与组的功能是建模的核心思路。具体操作步骤如下：我们可以将景观亭中同样的部分创建为同一个组件，比如亭柱部分、各个侧面上相同的装饰等，其余的部分可以创建为组。组件的使用在推敲整体比例尺度关系时为我们提供了方便，如图7.21所示。

首先不必考虑具体的细节关系，先做出一根亭柱，创建成组件，旋转复制剩下的亭柱。然后这是需从各个角度观察思考发现亭柱明显较粗，如图7.22所示。再利用推拉工具编辑亭柱大小得到合适的尺寸。

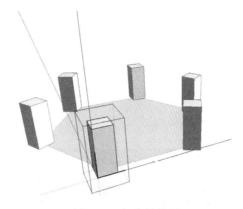

图7.21 组件的使用

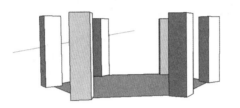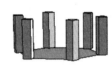

图7.22 各个角度观察

下一步便是亭顶部分的建模，这时之前总结出的景观亭柱与亭顶的交接关系便会运用在这里，如图 7.23 所示。

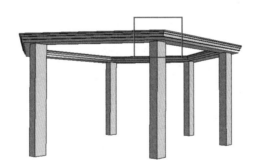

图7.23 亭柱与亭顶的交接关系

同理可以完成景观亭 60% 的建模工作，如图 7.24 所示。

图7.24 完成景观亭基本构架

### 3. 材质搭配

最后一步便是细节部分的深化和材质的搭配：考虑到俄罗斯风格在建筑装饰上对细节的处理要求精益求精，所以适当地在亭柱两端增加柱脚和压顶并融入符合俄罗斯风格的符号和元素；考虑到周边环境的影响并且遵循总结出的俄罗斯风格的特征整体色彩采用红色作为主色调，最终设计深化出来的景观亭如图 7.25 ~图 7.29 所示。

图7.25　场景中的俄罗斯亭子

图7.26　小过作品

图7.27　小刘作品

图7.28　黑白作品

图7.29　小杜作品

# 本章小结

　　本章通过某项目瞭望台以及俄罗斯风格的亭子讲解了在SketchUp中推敲单体构筑物的具体思路，深化的方式一般从体量以及构筑物自身的结构着手，结合功能、形式以及材质等元素与项目的风格达到统一的效果，并通过特殊文化符号的抽象提炼深化出具有特色的构筑物。从而达到从结构上能够支撑构筑物本身的重量，体量上可以自身平衡并具有一定的观赏效果的单体构筑物。

# 第8章
# 竖向设计深化

竖向设计本着解决竖向上的高差为基本的出发点，在满足功能的基础下进行更加合理及美观的设计工作。作为景观设计师不光要能在平面上勾出漂亮的平面方案，更要有竖向的空间设计能力。

## 8.1 下沉景观设计深化

本节将结合某下沉广场为实例，向大家讲解如何结合SketchUp软件来设计深化方案，处理细节以及一些应该注意的事项。下沉式广场的主要特点是地坪标高低于地面标高（图8.1），是对城市空间的一种合理运用方式，有效合理利用竖向变化来营造并丰富空间。

图8.1 下沉广场景观效果

### 8.1.1 下沉广场景观大关系处理

下沉景观大关系的处理，是最基本也是最重要的一步。下沉景观的最大特点就是在竖向上的不同变化，只有合理设计竖向高程，以及各个空间合理地衔接在一起，才经得起推敲与考验，也是我们的最终目的。

大关系的处理包含了中心下沉广场与其相连的景观坐凳台阶、台阶与硬质铺装、硬质铺装与车行道、草坡与硬质铺装、草坡与水域、亲水木栈道与水域、亲水木平台与水域、亲水木平台与下沉广场，各个立体构筑物之间的处理。如何合理地处理他们，既要从竖向的角度考虑，又要从平面的角度去考虑他们的关系，如图 8.2、图 8.3 所示。

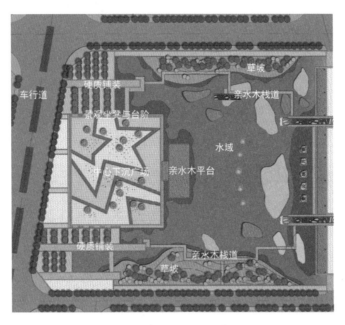

图8.2　各空间平面示意图

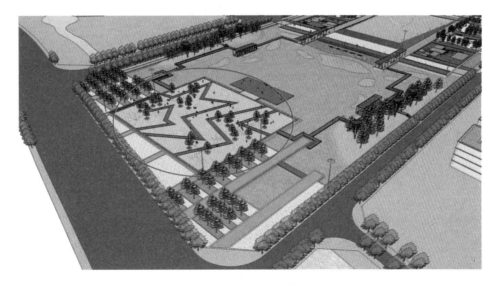

图8.3　下沉广场景观半鸟瞰图

从图 8.2、图 8.3 所示中可以了解下沉广场周边的大环境关系，利用 SketchUp 逐步将设计的想法表达出来。通过模型可以很直观地发现自身在设计过程中的不足，以及前期无法预测的困难障碍。这样就方便我们及时调整修改，以及下一步的深化设计。

## 8.1.2　中心下沉广场与景观坐凳台阶的衔接处理

将清理好的 AutoCAD 文件导入 SketchUp，如图 8.4 所示。

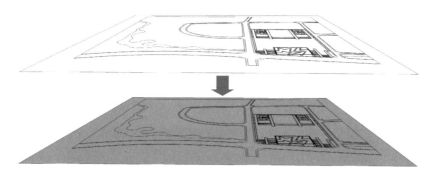

图8.4 封面处理

完成封面后将中心下沉广场平面部分单独创建群组，方便在后期可以将它放到合适位置，如图8.5所示。

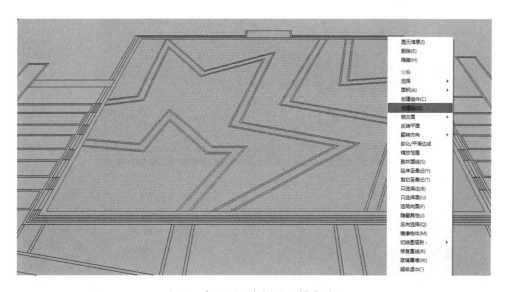

图8.5 中心下沉广场平面创建群组

将景观坐凳与台阶同样全部选中单独创建群组，如图8.6所示。

图8.6 下沉广场台阶创建群组

　　同样也将其他区域如硬质铺装，草坡，立体构筑物，水域等都单独创建群组，成群组后既方便编辑，也方便将来各个群组对齐衔接。

　　初步建模后，将中心下沉广场群组和景观坐凳台阶群组以及其他相接的群组对齐放置到合适标高，中心下沉广场部分大关系就处理好了，如图8.7所示。

图8.7　将各个群组对齐与放置到合适标高

## 8.1.3　其他空间的衔接处理

### 1. 亲水木栈道与水域的衔接

　　木栈道是架空在水面上方的，基础可以是打混凝土桩或者木桩，不同材质处理给人感受也会不同，承重桩在满足规范的前提下，间隔多远放置才是最舒服的。亲水木栈道与硬质铺装的衔接，如果是在一个标高平面是否会显得很平，很呆板、如果两者直接有高差，用台阶衔接处理，台阶设计多少步，又才是最舒适的、台阶的材质选择、是石材的还是与木栈道一样的木质，都是设计者应该考虑的。

　　如图8.8、图8.9所示，我们采用了亲水栈道下沉的手法，并采用了三种不同的材质来丰富地面铺装。

图8.8　亲水木栈道与水域以及硬质铺装的衔接（一）

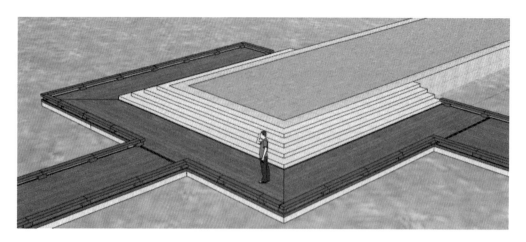

图8.9 亲水木栈道与水域以及硬质铺装的衔接（二）

**2. 挑出木平台与水域的衔接**

如图 8.10 所示，中心下沉广场正前方就是一个大水域，此时需要考虑挑出平台与下沉广场的衔接关系，以及如何增加木平台的亲水性、参与互动性。案例中挑出的木平台与硬质铺装广场采用了硬质铺装的连接方式，这种连接方式也能很好地衔接被打断的台阶。

这样的衔接方式只是其中的一种，也未必是最好的。大家在建模时可以多尝试多种衔接的方式，以及平台的承重方式、承重柱的形式及材质搭配等，都应该与前面的木栈道统一考虑清楚，因此到后期施工图阶段就能减少很多工作。

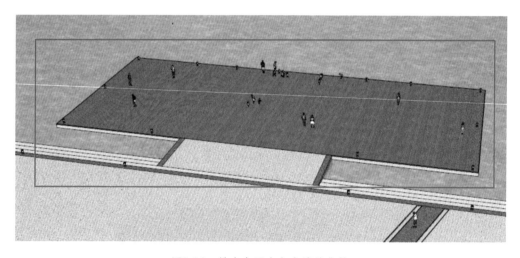

图8.10 挑出木平台与水域的衔接

**3. 草坡与道路硬质边界、水体的衔接**

如图 8.11 所示，此类衔接的方式是道路硬质边界与水底形成一个完整的池壁与池底，草坡自然地嵌入水中，草坡比道路硬质边界略低的自然形式。

如图 8.12 所示，最下层是由一层鹅卵石铺装成的池底，硬质铺装形成的池壁，完整的草坡自然地放置在池中，草坡边界也是与池壁紧密相连并且略低于路面标高，然后水体自然的与草坡相穿插结合。

图8.11　草坡与道路硬质边界、水体的衔接（一）

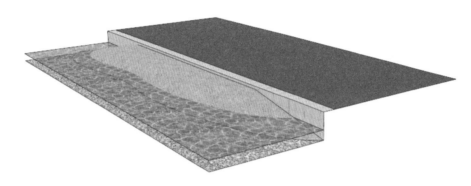

图8.12　草坡与道路硬质边界、水体的衔接（二）

### 4.木栈道与草坡的衔接

如图 8.13、图 8.14 所示，木栈道与草坡出现竖向标高不一致，两者相互间又有穿插关系的时候，我们就必须要化解两者之间的这种矛盾，常见的处理方式就是利用台阶来缓冲他们之间的高差变化。

图8.13　木栈道与草坡的衔接（一）

图8.14　木栈道与草坡的衔接（二）

一般室内常规台阶高度150mm，宽度300mm，而室外景观可以根据场地的不同和要求适当地设计宽度，使它的舒适度达到一个最佳的状态。同样台阶材质的选择对景观效果也是会产生影响的，用石材贴面还是木质贴面或者是两者的相互结合，都会产生不一样的效果。

## 8.1.4　下沉广场平面深化设计

如图 8.15 所示，为了使大面积的下沉广场铺装平面不显得单调，可利用"之"字形线条进行分割并搭配不同的铺装材料。分割线条在形式上要尽量做到自然灵活，各个被分割区域的尺度比例关系也是我们要仔细考究的，这些都是我们在深化设计过程中需要推敲的。

图8.15　广场平面铺装分割（一）

在分割条带的材质选择上，也要保持整体的统一性，协调性。除了石材的选择上可以融入现代感的玻璃。那单是一圈玻璃会不会稍显单调呢？因此可以考虑在玻璃上面进行模纹处理，玻璃下方可以藏灯，以达到在装饰性与功能实用性都能满足的景观效果，如图 8.16 所示。

图8.16 广场平面铺装分割（二）

通过我们逐步的深化设计，这样广场平面在形式与色彩上有了丰富的变化与细节，当然要有丰富的平面布局也要依赖我们的立体构筑物去相互映衬搭配。

## 8.1.5 下沉台阶与坐凳深化设计

为了使下沉广场能有更多的景观细节，将下沉台阶与坐凳进一步深化设计。在满足通行功能前提下增加一些木质坐凳（图8.17），形成一个不仅可以满足通行功能，又可以满足休憩交流的空间。

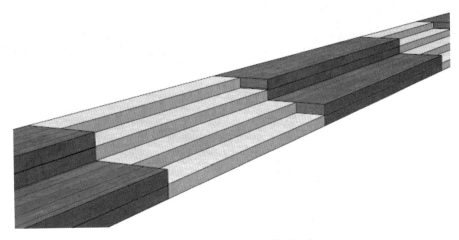

图8.17 下沉台阶与坐凳（一）

下沉台阶与休憩坐凳通过石材与木材的铺贴进行了功能上的区分。为了丰富坐凳的立面变化，我们可以从它的色彩或者图案形式入手，使它产生一定的变化与细节。

对于坐凳立面的深化，我们可以从水波纹中提炼出优美的弧线，并加以铁艺镂空处理形式，再在镂空的图案内部做灯带（图8.18），这样无论是白天还是夜晚，都有很好的景观效果，有内容可看（图8.19）。

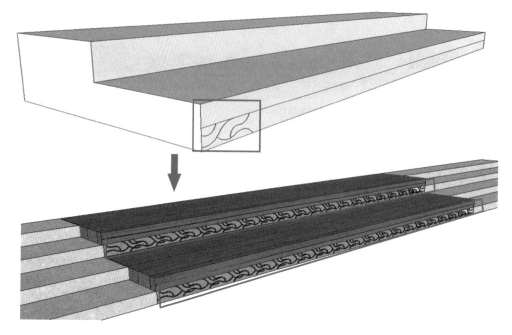

图8.18　下沉台阶与坐凳（二）

图8.19　下沉台阶深化最终效果

## 8.1.6　立面构筑深化设计

立面构筑是景观中不可或缺的重要组成部分。对于它们的设计应当要与方案设计思路相结合，与主题融合，与设计风格相符合。

在下沉广场平面，虽然在铺装上进行了分割，增加了一些细节。但是在立面上缺少了一种变化。通过立面上增加组合树池座椅这样的立体构筑物（图8.20），形成一些半封闭式的交流空间。使空间的参与性，互动性，娱乐性增强。

图8.20　树池座椅效果

## 8.1.7　不同材质的过渡处理

在 SketchUp 建模深化方案设计的过程中，一定会遇到不同材质间衔接和过渡情况。我们在赋予不同物体材质时，应该要以可实施性（能够施工出来）为基础，不能说画面怎么好看就怎么弄，应以合理、舒适、能最佳展现我们的景观效果为指导。

如图 8.21 所示，广场外围收边材质与亲水台阶材质两者所在空间位置不同，功能也不同，它们的材质应该如何衔接呢？

图8.21　广场收边与台阶材质处理

如图 8.22 所示，最上一级台阶的踏面与铺装平面同在一个平面内。最上一级台阶踏面承当了承上启下的作用，是台阶与铺装平面的过渡空间，既延续了台阶继续往前行走的感觉，又很自然地和铺装平面衔接在一起。当人行走在这个空间的时候，就会觉得很舒服，很自然。

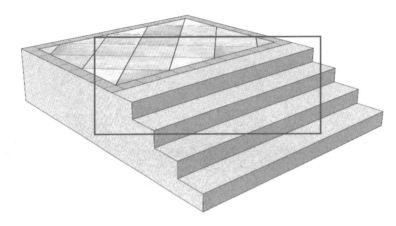

图8.22　较合理的处理方式

而图 8.23 带给人的感受却是截然相反的，最上一级台阶的踏面材质突然改变，整个台阶继续往前或往上行走的感觉消失了，失去了延续性。当人们在行走到这个过渡空间的时候，就会感觉到一点点突兀。

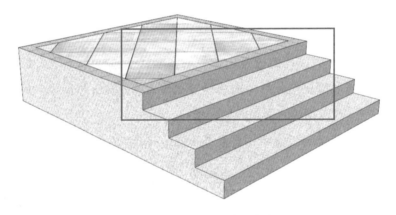

图8.23　较不合理的处理方式

两种衔接方式处理的变化很细微，但是带给人的体验感却很大，大家可以从生活中已建成的项目去体会，如图 8.24、图 8.25 所示。

图8.24　台阶过渡效果（一）

图8.25　台阶过渡效果（二）

## 8.1.8　铺装材质的注意

一般在风格比较现代的公共空间与商业空间设计中，石材以黑白灰为主。如芝麻白、芝麻灰、深灰浅灰，稍微偏黄一点的就以黄锈石为主，如图 8.26 ~ 图 8.28 所示。不要用颜色太艳丽的铺装，除非是在设计上有什么特殊的需要。在整体统一的原则上，也可以产生一些肌理条带的变化。

图8.26　芝麻白

图8.27　芝麻黑

图8.28　黄锈石

# 8.2　无障碍坡道设计

这是一个踏步跟坡道结合的设计方式，这种处理踏步竖向关系的形式在现代的设计中是比较常见的。通过在踏步上增加一些具有趣味性的无障碍坡道，以满足残疾人车、婴儿车等都可以通行的功能要求，而且这个坡道也不会太明显，当人们在使用它的时候会感觉设计上的巧妙之处。

如图 8.29 所示台阶踏步，根据预先的设想，利用 AutoCAD 的线稿在 SketchUp 里面先将台阶踏步推拉一定的高度。一般台阶踏步的高度做到 150mm，室外的可做到 200mm，那么这里将其高度做到成 150mm。宽度相对自由些，因为台阶数比较多，为了不让台阶踏步感觉太陡，同时平衡与地面铺装的关系，以及残疾车可以顺畅的推上去等因素的考虑。将其宽度做到了 1 米多。在此基础上更多的是考虑台阶踏步与无障碍坡道的结合方式。

图8.29　台阶踏步初步

在做这个台阶踏步的过程中，用到的也就简单的直线、推拉和橡皮擦命令，但是我们在做之前以及在做的过程中对竖向关系的推敲，包括整个踏步高程的计算及思路是很重要的。我们先拿短的一侧台阶进行推敲。

## 8.2.1　无障碍坡道初步设计

根据台阶总个数、总高度及总长度的数值对单个坡道的宽度及整体所形成的坡度进行把控，坡度不可做得太陡。同时为了体现坡道的连贯性、台阶的完整性，应避免台阶被坡道分割的情况出现，因此坡道应该占到台阶总长度的4/5左右。在这个台阶当中底部的长为50m，台阶数为10个，则两边留出相应距离后需在中间40m做10个坡道，那么每个台阶的坡道我们有大约4m的空间去做，但是每个台阶的高为150mm，明显这样做单个坡道会过长。怎么去解决这个问题呢？

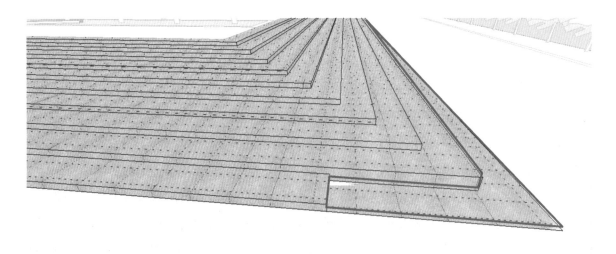

图8.30　坡道起步定位，并推拉

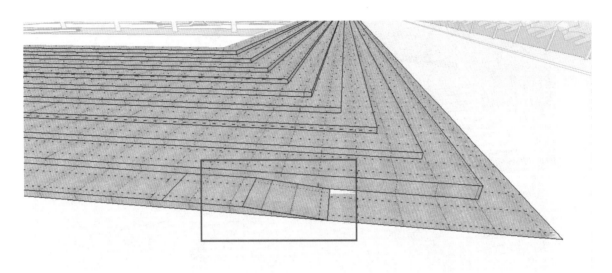

图8.31　坡道初步设计

如图 8.30、图 8.31 所示，坡道从右边一侧起步，预留 5m 的距离开始做坡道，向下推拉面，每个坡道的长度做到了 2m 的长度，跟坡道高度的比约为 1 : 13.3，这个比例是比较合理的，这样在坡道间也能预留一个 2m 的缓冲平台。根据此思路再进行下一个台阶的建模看是否可行。

## 8.2.2　单侧坡道建模

如图 8.32 所示这个做法还是可行的，坡道的坡度合理，中间的缓冲平台也起到休息的作用，照着这个思路先把其他的坡道做出来。

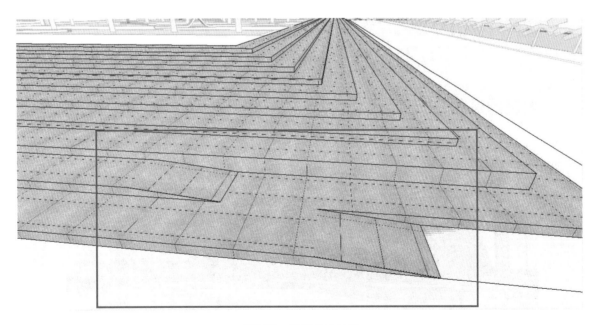

图8.32　设想推敲过程

如图 8.33 所示，出现坡道的终端略短，而最上层台阶与广场存在有材质衔接不合理的问题，如图 8.34 所示。

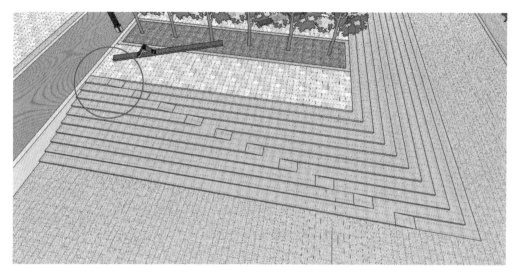

图8.33　完整的单坡道

图8.34　台阶与广场的衔接

## 8.2.3　坡道的深化

针对上面两个问题，我们将最上面的一级台阶的坡道的方向转了个方向（图8.35），似乎是更合理一些。

图8.35　最后一个坡道改变方向

小部分面积的台阶衔接未能得到解决，并不影响整体，没必要太过于抠细节。但是新的问题又来了，由于最上面一级台阶的坡道转向，由图 8.36 可看出来，最上面的这级台阶高出了 150mm，那么是不是做两侧坡道可以解决这个问题呢？先做着试试。

图8.36 顶级台阶高于其他

如图 8.37 所示，两侧做了坡道确实解决最上一级台阶高出 150mm 的问题，相当于交错地在每个台阶挖出一块的处理方式。与图 8.33 的单侧坡道对比，显然这样的设计趣味性更强。较长一侧根据这样的设计思路去把模型做出来就可以了。

图8.37 两侧坡道完成图

这里边坡道的长度以及缓冲平台的大小，要根据项目本身来定具体的数值，这里只是演示了推敲过程及思路。

台阶踏步深化思路在其他项目中的应用，如图 8.38、图 8.39 所示。

图8.38　台阶最终效果

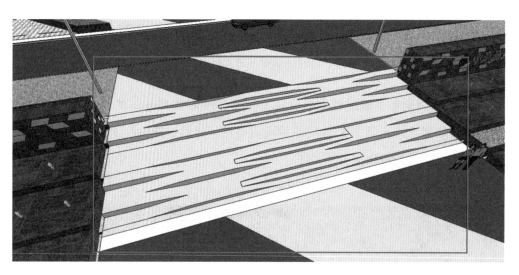

图8.39　某项目台阶踏步

# 本章小结

　　本章用某项目的下沉景观以及无障碍坡道的推敲过程讲解了如何在SketchUp中进行景观竖向设计深化的方法，竖向设计需考虑各元素间的衔接关系、功能的协调、美观的程度、空间感的营造等，比平面方案更考究设计师的设计能力以及解决问题的能力。

# 第9章
# 节点设计深化

本章给大家讲解一下景观设计中如何对节点进行深化设计的方法。在设计当中或多或少的大家会有参考案例的习惯，那么在看完人家的设计之后也许要有选择性地应用到我们的设计当中，所应用的设计元素要能和谐地统一在一起，符合自己的环境设计理念。

## 9.1 过渡空间的深化

这个案例曾在第6章中讲解过瞭望台的深化，现在我们分析下整个方案的景观结构：图9.1案例鸟瞰图中左下至右上南北向上是一个商业景观到自然生态景观的过渡；西面至东面则是硬质的城市景观过渡到自然景观的感受。西面沿着道路有一个南北向的硬质铺装带，逐渐过渡到自然的水体，水体与东面城市道路有景观绿化进行空间的隔离。这便是此案例的大结构。

图9.1 案例鸟瞰图

## 9.1.1　初步的深化

节点深化的方法有很多，但在整个深化过程中我们要始终贯穿项目大结构的过渡理念，拿案例中城市景观过渡到自然景观的某个小节点（图9.2）来举例，下面我们进入SketchUp模型来进行过渡空间的推敲与深化。

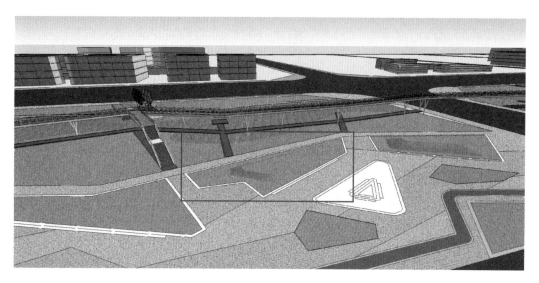

图9.2　深化的节点

根据方案最初设计建出基础模型后，我们对红色框内的节点进行深化。首先将收边拉起将整个场地做成高起的种植池，拉起后原先的收边成了种植池的池壁。但因地面与池壁是硬质接硬质的衔接方式，所以高度不宜过高。人在平视的角度下观察，过高的池壁给人的感受便是整个种植池从硬质的地面铺装中挖出来的一块绿地。那么这里500mm的池壁宽度高度可做到300mm，如图9.3所示。

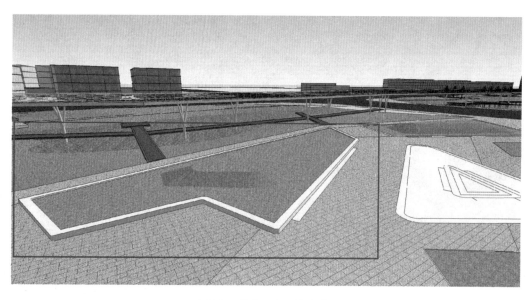

图9.3　拉出300mm的高度

## 9.1.2 深化的思考

由于池壁的宽度与高度并不适合坐人，但人对于边界的感受是合适的。但如果只是这么一个简单的种植池肯定达不到硬质到软质过度的感受，这就需要在与硬质衔接的方向上做一些相对来说更硬一些的面，达到空间上有一定的围合感，视线上有一定的遮挡作用，并在氛围上起到聚气的作用。

既然已经知道了场地要表达的思想，那么怎么做才能达到那样的效果呢？假如人的周围有一个高度在 700 ~ 800mm 景墙之类的构筑物，那么给人的感受便是个半围合的空间，在视线上有漏而不透的效果并能将空间收住，其实这样的空间在场地上活动的人也会产生一定的安全感。

通过以上分析，可以选择沿种植池收边做长条座椅（图9.4），而座椅带靠背的高度基本符合设想的高度。

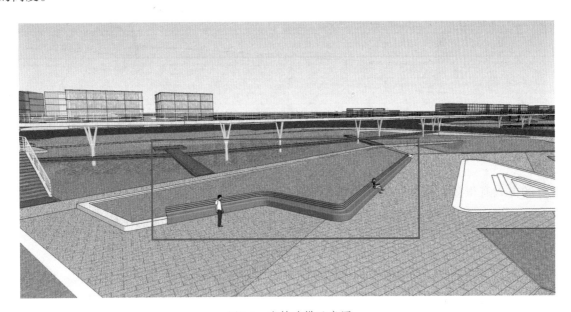

图9.4 座椅建模示意图

坐上座椅之后就涉及座椅与硬质收边的结合问题，我们可以通过加小型支撑住的方式将座椅支撑起一定的高度，如图 9.5 所示。

图9.5 座椅与池壁结合

### 9.1.3　细节的处理

为了丰富池壁的效果，我们可以将石材贴面的材质，变换成混凝土贴面的材质，并在池壁上加一些细节的处理，两边为光面的材质，中间为毛面的材质，如图9.6所示。

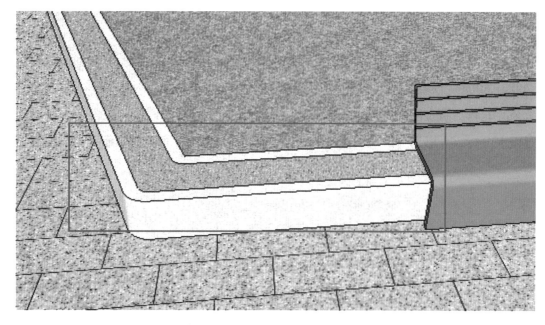

图9.6　池壁处理

设计的方式有很多，需要根据整体的设计结构选择有一定联系的方式，设计的过程中需要思考的是怎么从功能出发怎么与整体的元素相融合，不是那么符合的元素应该在某些地方做一些修改，最终达到统一的效果。

经过我们在 SketchUp 中深化处理，已经能将硬质到软质过度的感受表达出来了，而且也有一定的围合感，并提供了更多休憩停留的场地（图9.7），符合前面的设计构思与意图。

图9.7　种植池深化后

种植池上边再种植上花卉植物后就会显得更丰富许多，大家可以选择直接在 SketchUp 里面摆上植物，如图 9.7 所示。但是太多的花卉组件对模型的大小来说也是个问题，最好的方式还是在 Painter 中进行绘制，关于 Painter 后期植物的绘制会在第 13 章中介绍。

## 9.2  休憩空间的深化

接下来拿这个案例的某块休憩节点来给大家讲解具体的深化过程，如图 9.8 所示，节点位于硬质铺装上的活动空间。西面是贯穿设计地块的红色自行车道，紧接着是城市道路，东面的绿地对节点形成了半围合的空间并有效地将节点与水域进行空间的划分。

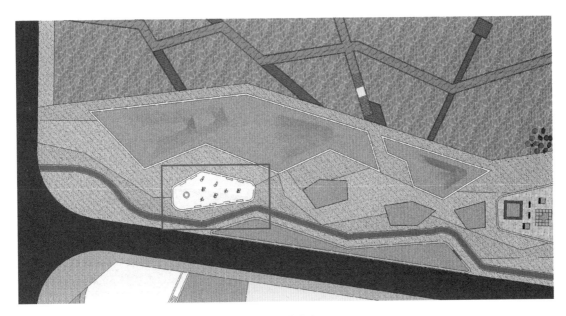

图9.8  节点位置

### 9.2.1  节点处理的思考

较大的项目有些时候节点是 SketchUp 建模时才会深入的设计，就如同现在这个节点，根据周边元素处理成休憩的节点。深化的思路是利用简单的元素，设计坐凳及绿化种植。深化过程中需把握以下几点。

1. 节点的功能性

比如休憩空间需设置有供人休息的坐凳以及林荫的效果，并有一定的围合感。

2. 节点里的元素

场地与整体的方案设计所使用的元素要统一，这就是人们常说的越大的东西越要设计得简单的道理，那么在小空间里可以多增加一些材料的质感，以及一些与大元素有交集的少量小元素，才能让人感觉场地里的元素丰富而不乱，使整体有节奏感、联系性、整体性。

3. 节点的关系

这个跟功能性有一定的联系，从节点的使用功能解读使用者的心理活动。如果说是一个休憩的节点，那么节点应该有一定的安全感，当人在休憩时更多是需要一个安静隐私的空间，这时可做一些下沉或是有一定围合的树荫空间；如果是运动的节点，那么可以稍微的抬高，当人在运动时更多的是想与周围的环境产生一定的关系，通过与周围环境的融合达到放松心境的效果，所以这类的节点应该是开放的空间。

## 9.2.2　节点初步设计

把握好以上的几个要点之后，其实深化的空间是很大的。

深化的过程切记元素要少，但是手法可以有很多，在这个场景里边假如只做绿化、座凳和铺装，可以先找跟这个节点相同的符号，采用最简单的变化缩小手法来做一些符号相同的种植池（图9.9）。

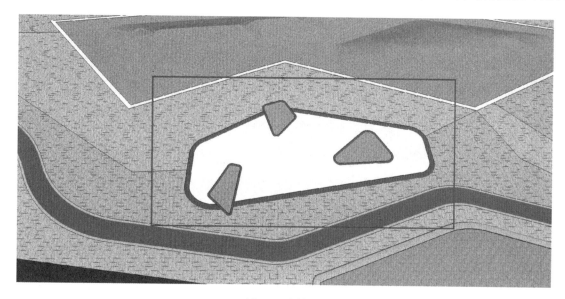

图9.9　种植池

只用这种不规则多边形倒圆角的方式似乎有点单调乏味，可以添加一些规则的元素来打破这种单一的符号，例如坐凳可以做成方形的。

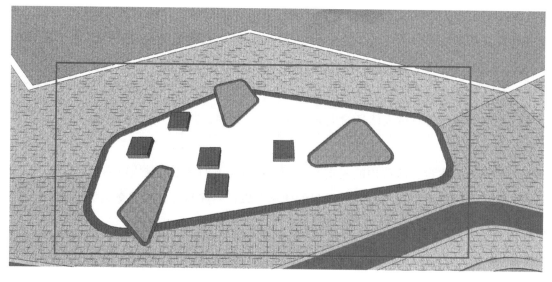

图9.10　添加方形坐凳

如图9.10所示规则的方形坐凳并不会感觉到突兀,能很好地融合到其中。那么种植池和坐凳的元素符号我们便可定下来,下一步想想该怎么丰富地面上的铺装。

节点的场地被地面的硬质铺装包围着,如果只是单收边会显得过渡十分不自然,这时可通过做一层鹅卵石来过渡空间,因此多层收边也达到了丰富地面铺装的效果。随后把中心铺装也给铺上,如图9.11所示。

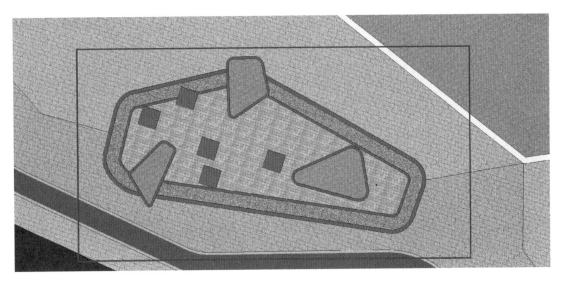

图9.11 地面铺装设计

绿化、坐凳和铺装三者皆已初步成形,下一步将深化这些元素。

## 9.2.3 节点深化设计

深入的点有很多,可以从以下几点入手:

1. 铺装与绿化的关系

铺装与绿化应该有一个竖向上的变化。

2. 材质的变化

本着冲突与对比的原则,材质上要有一定的变化,显示出亮丽的材质搭配的特色。通过材质的对比与冲突让人有眼前一亮的感觉。

3. 细节的处理

细节的处理可从方形坐凳入手,通过对底部的收缩产生悬空的感觉,边界再做一些小倒角,鹅卵石铺装带也应该有宽窄的变化。

通过以上几点的思考,使我们可以得出如图9.12所示的一个基本的场景。图9.13为坐凳的设计,图9.14为种植池设计。

至此,设计者应该深化三者平面上的布局及空间上的感受。因为种植池有全被铺装包围的、有压住铺装边界的三个也形成了三角摆放的构图关系,所以平面和空间问题不大,但是坐凳的摆放太乱,也没有形成空间感。坐凳的摆放应该更具有设计感,有聚有散形成可面对面沟通的空间及可独处的空间。

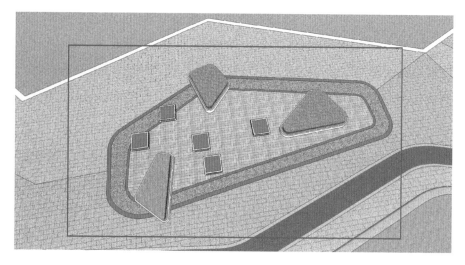

图9.12　节点的基本关系

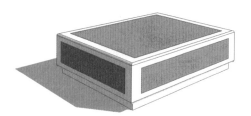

图9.13　坐凳的设计

图9.14　种植池设计

通过坐凳间的距离关系来营造不同的空间感受，其中的几个坐凳稍微距离近些便可产生沟通的空间氛围，而部分座椅离开一定的距离，从心理上产生一种独处的安全感。再适当地设置一些靠近种植池的坐凳，与种植池产生一定的联系，如图9.15所示。

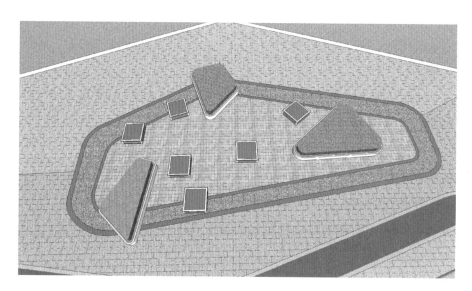

图9.15　深化设计完成

从图9.15来看整个的构图关系有点有线有面，有冲突的对比也有材质的变化。这些元素是绿化、座椅和铺装。虽然在这个场地里方形、半弧、不等边多边形都用上了，但是方形坐凳的倒角与不等

边多边形的种植池、场地都有共同的半弧倒角，所以整个场地看起来还是很统一。图9.16～图9.18
是此项目中在SketchUp深化的部分节点图。

图9.16　项目其他节点图（一）

图9.17　项目其他节点图（二）

图9.18　项目其他节点图（三）

## 9.3 巧妙设计的思路

在很多设计当中巧妙的设计往往能让人有眼前一亮的感觉，但是这种巧妙设计的前提是要看过很多的设计资料，对好的设计要有很深的感触，这样才能提高对设计的理解。

### 9.3.1 墙体的处理

任何项目不管是方案阶段还是深化阶段它都会有很多不利的因素，恰恰是这种不利的因素激发了你的奇思妙想，从而做出巧妙的设计。以图9.19某小区节点的设计为例。

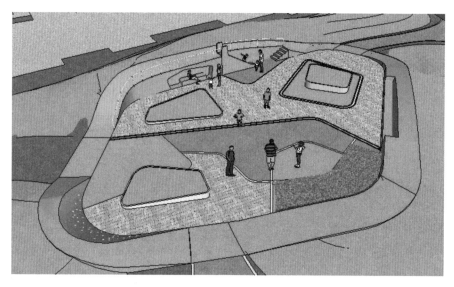

图9.19　某小区节点图

这个场地的方案构思要在地形当中包上一块活动场地，如果是场地直接放入某块地形中间的话便需要很大一块地形，但我们并没有这样的条件且这样的设计手法并不高明，因此这种场地切掉多块地形的设计就出来了。

为了和谐场地与地形的关系，我们将挡墙做得很厚，避免出现场地是被地形夹紧的感受，但是厚挡墙高侧壁对在场地里活动的人会有很强的压迫感，加上周边地形带来的围合感，诸多不利因素叠加使得活动场地的空间环境十分压抑。这时需要你发挥奇思妙想来解决掉问题。

在做任何一个设计或者是深化设计时，我们都要有置身于场地本身的这种想象，我们可以想象成自己目前正在带着小孩在这块场地中玩耍。那么我们可以在厚挡墙上增加一些小孩的娱乐设施，如滑梯、攀岩性的缓坡等（图9.20、图9.21），此时活动场地便包含了儿童娱乐的功能。

图9.20　滑梯

　　而作为大人的"我们"在陪同时也需要一些休憩的空间，因此可以通过削减墙面（图9.22）及挖空墙面（图9.23）的方式来做一些休憩的空间，墙面被处理后解决掉了侧壁过高、过厚的问题，同时增加了人们的参与感。

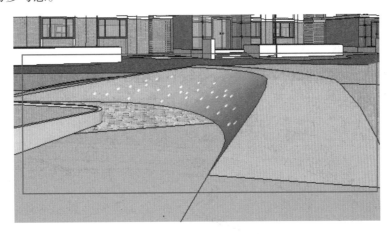

图9.21　攀岩缓坡

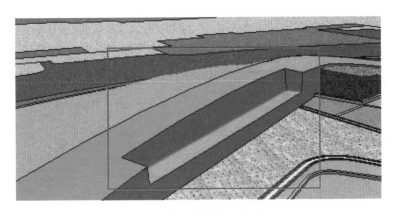

图9.22　通过削减的方式打破墙面

图9.23　通过挖空的方式打破墙面

　　打破的方式也可以有许多种。大家可以发挥自己的奇思妙想去解决问题，包括打破后如何衔接也是能体现你巧妙设计的地方。

## 9.3.2　坐凳处理手法

　　以下是项目中其他节点挡墙与坐凳结合的处理方式，主要对坐凳进行了深化处理，如图 9.24、图 9.25 所示。

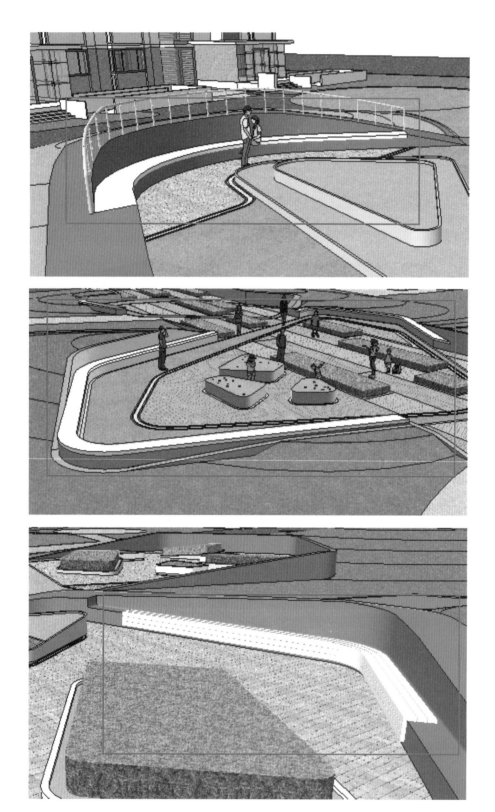

图9.24　其他坐凳饰面的设计

图9.25 节点效果图

# 本章小结

　　本章以过渡的节点、休憩的节点以及小区的活动节点3个案例讲解了在SketchUp推敲并深化景观节点的具体方法与步骤。在对每个景观节点进行深化时对场地的功能以及元素要进行一定思考，尤其要注意的是节点的设计深化过程要与整体方案设计的理念保持统一。

# 第10章
# SketchUp植物配置

在完成所有建筑物以及构筑物的建模之后，接下来要将植物组件放入整个模型当中，本章将通过现代俄罗斯风格的实际案例讲解植物组件在 SketchUp 中的应用，植物组件的应用对模型最终出图效果有着重要的作用。

## 10.1　从 AutoCAD 图纸整理到 SketchUp 导入

### 10.1.1　AutoCAD 图纸整理

植物是景观设计中必不可少的设计元素，设计师往往会在景观设计中种植大量的植物，我们可以利用 SketchUp 中组件的关联性将这些植物方便快捷的摆放在 SketchUp 模型中。

我们在整理 AutoCAD 图纸时要把相同的植物创建成块（图 10.1），这些创建成块的植物在导入 SketchUp 之后会自动生成组件。

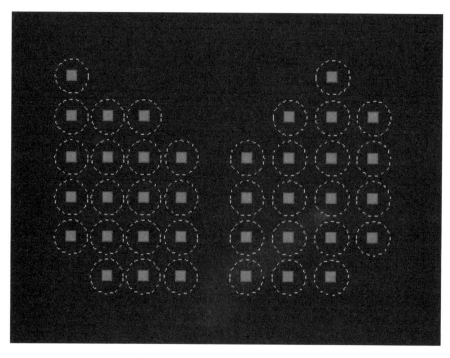

图10.1　AutoCAD中相同植物创建块

## 10.1.2　AutoCAD 图纸导入 SketchUp 中

具体内容如图 10.2 所示。

图10.2　AutoCAD植物块导入SketchUp

## 10.1.3　植物组件的选择

在 SketchUp 选择植物组件的时候，要把握一点就是植物要精简，这需要我们把植物种类进行归纳整理，将植物分为几大类，同一类型的植物用同一个组件来表示，在一个场景中大概选择 5 ~ 6 种植物组件就可以了，这样可以避免图面效果的杂乱。

植物组件的分类（图 10.3）：

1. 高大乔木（一般作为点景树）

2. 主体乔木（基调树种，场景中应用最多的植物组件）

3. 大灌木、亚乔木

4. 小灌木

5. 花草地被

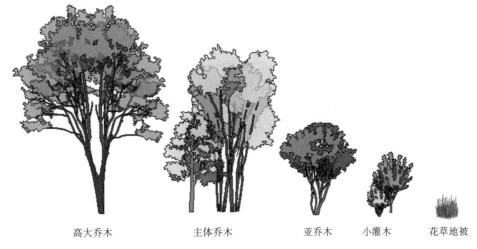

| 高大乔木 | 主体乔木 | 亚乔木 | 小灌木 | 花草地被 |

图10.3　植物组件的分类

## 10.1.4 植物组件的摆放

将选择好的植物组件复制粘贴到其中一个组件当中，因组件具有关联性，因此其他相同的植物也就同时摆放好了，如图10.4所示。

图10.4 植物组件摆放

植物组件摆放好之后选择其中一个组件，单击鼠标右键选择所有关联组件，再鼠标右键将所选组件分解，这样可以减小模型的大小，如图10.5所示。

图10.5 植物组件的分解

最后再用同样的方法把其他不同种类的树摆放到场景中去，如图10.6所示，这样场景中的植物就基本摆放好了，接下来要做的就是根据不同场景的画面需要对植物组件的摆放进行调整。利用植物来围合设计需要的空间氛围。

图10.6 植物摆放完成

## 10.2　利用植物营造不同的空间

在不同的空间场景中，需根据空间氛围需要调节植物的形态、大小、颜色、层次、疏密。当这些要点联动起来共生和谐的时候，我们的植物配景的选择和使用才能算上成功，图面才能漂亮起来，空间氛围表达才会更明了，差其一都等于零。而掌握这些要点之间的关系需要大量的实践和练习。

### 10.2.1　收集资料

在利用植物营造空间之前，可以在网上搜集一些类似设计想要营造空间的图片资料（图10.7），从而更好地激发灵感，帮助我们在大脑中思考出想要的画面，这样在利用植物营造空间的时候才能游刃有余，达到最终的效果如图10.7所示。

图10.7　图片资料

### 10.2.2　空间场地分析

根据搜集到的参考图片，再联系现有的场地进行分析。可以看出，曲线道路两边的背景植物应该相对封闭，营造出一个相对围合的空间，让人在休憩的空间中有安全感。

因为这是一个俄罗斯风格的景观项目，因此我们选择类似于白桦树的植物组件作为主体背景树，沿着曲线道路进行围合，如图10.8所示的这样能更好地营造出我们想要的俄罗斯异域风情氛围。

景观空间中大乔木的栽植以周边的环境为主，中心景观区主要以开阔草坪及铺装路为主，这种空间较强的围合感为整体景观构造出较为私密的空间更适合周边的办公人员休闲休憩。

分枝点较高的大乔木可以提供树干之间的视线通廊，近观视线不会被阻隔，远观又能够连成片成为底景。一般来说前景应该透气，使人有视觉缓冲，底景应该成片以衬托全景，而这两个点互为前景和底景。

图10.8　场景模型

# 10.3　植物组件的调整

利用植物营造出我们想要的空间效果后，在最终出图时要根据角度的不同对植物进行颜色或形态上的调整，以求达到图面更好的效果。

精简之后的植物组件会使图面效果过于单一，如图 10.8 所示，设计者需要让图面在形态统一的基础上让其有丰富的变化。具体方法如下。

## 10.3.1　变颜色

通过改变植物组件的颜色可以让同一组件表现出不同树种，如图 10.9、图 10.10 所示。

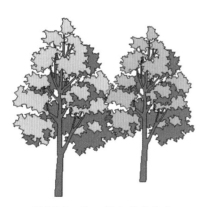

图10.9　统一形态改变颜色

图10.10　场景中不同颜色植物组件

## 10.3.2　变形态

通过对植物组件形态的微调来打破植物形态的单一性，使其图面能在统一中找到变化，图面感会更加和谐而丰富（利用变形缩放工具进行变形 🔲 ），如图 10.11 所示。

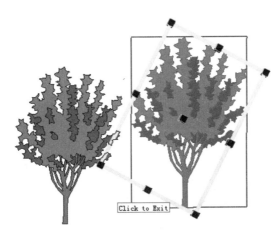

图10.11　植物形态不同

## 10.3.3　变位置

把植物向下移动独杆植物就变成了丛生植物，如图 10.12、图 10.13 所示。

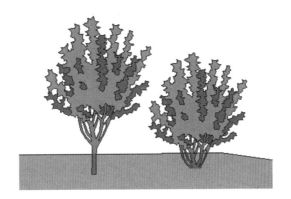

图10.12　统一形态，变位置

图10.13　植物位置不同

## 10.3.4　植物组件的单独编辑

因为植物组件有关联性，所以当设计者在想要单独调整其中一个或者几个植物组件的时候需要将要改变的植物组件设定为唯一。

（1）植物组件设置为唯一。选择要单独编辑的组件鼠标右键点"设定为唯一"，如图10.14、图10.15所示。

图10.14　选择植物组件

图10.15　组件设定为唯一

（2）调整植物组件。植物组件设定为唯一以后，双击鼠标进入到组件里面（图10.16）打开油漆桶工具给我们设定为唯一的植物组件贴上我们想要的颜色，之后退出组件对颜色以及透明度进行调整，直到达到理想的效果，如图10.17所示。

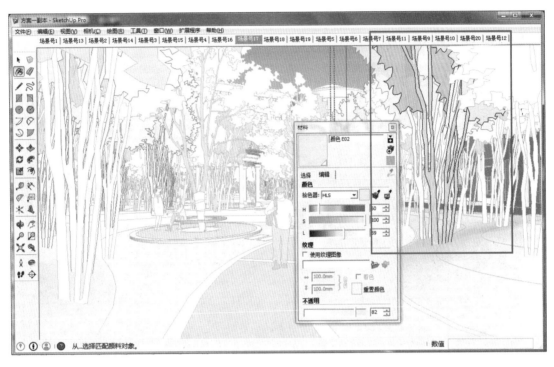

图10.16　进入组件

图10.17　改变植物颜色

在 SketchUp 中调整植物组件应用的基本原则：形态统一，变化丰富。

利用植物的色彩差别和形态差别拉开植物间的层次，植物与构筑物之间的层次，并拉开前景、中景、背景之间的关系。在此基础之上还要有植物色调上的统一和协调，这需要设计者统一色调，在统一的色调中找变化。

下面是调整前与调整后的对比，如图 10.18、图 10.19 所示。

图10.18　调整之前

图10.19　调整之后

## 10.4　学生作品

图10.20　学生作品展示（一）

图10.21　学生作品展示（二）

图10.22　学生作品展示（三）

# 本章小结

通过以上对SketchUp中植物配置的讲解，掌握利用植物来营造空间氛围，植物配置要在协调统一中有其丰富的变化，利用植物组件拉开前景、中景、背景的层次以及植物与构筑物之间的层次，SketchUp中的植物配置也充分体现了设计师对项目植物种植的理解，要想在SketchUp中将植物种植所营造的空间氛围表现好也需要通过大量的练习来实现。

# 第11章
# SketchUp构图技巧

假使模型建的很成功，但角度没打好也很难突出设计水平。因此选择一个合理、正确的角度非常重要。本章将通过对学生模型角度修改的前后对比讲解如何根据设计重点进行角度选择及结合其他配景关系进行角度调整，打角度的过程也是对设计细节、铺装形式再次深化的过程，通过打出来的角度也能充分地体现出设计师对场景空间感的理解。

关于SketchUp打角度的构图技巧，本书总结了几种最基本的思路，或许还有其他情形，但最基本的有下面几大类型。

## 11.1 中轴比较对称，有一定序列感的场景

学生模型（图11.1）中绿植、铺装的分割、小品、配景建筑等最基本的内容都有体现，模型已经比较细致。但是同样的模型，对材质和细节进行简单的调整，就会达到不同的效果，下面简单介绍如何调整模型。

图11.1 学生做的模型效果

### 11.1.1　模型调整

所谓 SketchUp 模型高手在作者眼中并不是能建别人建不出来的异性模型的,而是能准确地传达设计师的设计重点、设计意图以及空间意境。其实我们做的模型跟高手相比差距并不大,但如果在颜色、材质、位置比例上都差一点,最后每一个小的差距叠加起来导致效果相差甚远。因此在打角度的时候如果感觉哪里不对应及时调整,场景模型调整可归纳总结为功能调整、空间调整以及色彩调整三个部分。

(1)功能调整。

如图 11.1 所示,两侧是弧线形的铺装广场空间。弧线凸起的地方做微地形绿化,凹进去的地方被地形及绿篱围合成休憩空间。如此设计,两侧的带状空间就根据铺装面的宽窄形成了既可休憩又可通过的宜人空间,中间一条六七米宽的人车行路是人车混行空间。为了把这两种不同的功能空间区分开,做如图 11.2 的修改。不同的功能空间赋予不同的材质肌理,立面上用道牙、绿篱和景观灯柱做竖向变化。

图11.2　调整后的模型效果

(2)空间调整。

图 11.1 所示整个铺装面窄的地方大约 10m,宽的地方将近 20m,如果三块铺装面都用同样的形式,会让人感觉铺装面积太大、空旷、绿化少。如图 11.2 所示为了避免大尺度铺装面给人的不亲切感,所以把中间的道路铺装加强处理,再加上有序列感的竖向灯柱或乔木形成的虚墙,形成小尺度的三块铺装面,给人小空间的亲切感。虚空间是设计常用手法,如果换成实体墙,就会压缩空间,并且会遮挡一些重要景观点。

(3)色彩调整。

如图 11.2 所示把建筑物墙体颜色调黄一些,这样做一方面是将西班牙风格建筑偏黄的色调准确表达出来,另一方面是为了缩小色彩差距。树的色彩是黄色,让建筑掩映在树丛里;中间路的颜色比较重,和两侧的浅色铺装面相区分,微地形的绿色也比较重,和两侧浅的铺装区分开;地面整体颜色偏重,为了上下区分,所以近景树的明度色相都调成浅色;浅色近景树也可以和远景的绿色植物区分；远景的景墙颜色浅，则把远景树的颜色调重衬托景墙的存在。这样调整会使整个图面的层次更加明显。当然，近景远景颜色反过来也是可行的。但在近景植物很多的情况下，颜色都很重，就会使整个图面比较压抑。

## 11.1.2　角度调整

在选角度时，首先要考虑的是我们所要传达的设计信息。在这幅图里，我们重点要表达的设计信息如下：

1. 中间有条人车混行的车行道，两侧有铺装面宽窄不同休憩与通行空间。

2. 绿篱对人行道和车行道空间加以区隔，对人流加以安全性遮挡。

3. 远处的景墙及景墙前的小花坛。

那么如何选角度才能让人看到全部的设计信息？首先，我们先拿小人大致站个点，如图 11.3 所示。

图11.3　近景是成段的绿篱

图11.4　近景绿篱断续带来的延伸感

图11.5　更近一点的视角

　　然后分析这个角度的利弊。如图11.3所示近景的绿篱是分段的，完全暴露在视线下，并且前面露出很宽的铺装面。设计所表达的感受是虽然铺装面很宽，但能看到的绿化还是挺多。设计本身忌讳大铺装面带给人的不亲近感，本图显然选择了一个铺装面最宽的角度。如果我们选择图11.4，断开的近景绿篱加上前面多段绿篱则会给人一种延伸感。

　　其实我们可以选择更近一点的视角。如图11.5所示也能达到图11.4这种效果，景墙还能看得更清楚。道路两侧一般会伴随一些有序列感的东西，遇到这种情况，首先我们一定要保证图面的序列感，也就是所选视角的景深必须够长。想要形成序列感，至少要四个相同的物体阵列。所以最终选择了如图11.4所示这样的角度，设计内容基本都能表达清楚。

## 11.1.3　配景组件放置

　　在选定角度后，开始放置配景人物。远景铺装广场上要有人行走、座椅上要有人坐，休憩空间要多一点人停留，虽然看不清细节，但能表达此处是聚人气的地方。只有远景人会感觉近景很空，所以近景也需放人。近景人物摆放最重要的作用是平衡整个图面。下面讲解近景人物的摆放要点：

　　（1）先放能体现功能的人物组件。本图道路材质是红色面包砖或烧结砖的铺装，要表达虽然为人车混行但车必须慢行。所以放置大人带小孩的人物组件。

　　（2）为了平衡整个画面，我们放了左边的一组情侣。

　　（3）在放人物的时候，一定要使人物之间产生某种关系。如左边黑衣服的情侣视线落在母亲带孩子其乐融融的场景上，右边的蓝衣情侣则靠在灯柱上相互聊天。

　　（4）最后就是车的位置。设计场景时需要配景车的存在，来表达这条路可以车行。图面上放置人物后，前景还是相对较轻，所以车放在近景比较合适。我们可以通过移动车调整车露出大小，车往前移，势必导致图面1/4被遮挡，再往前移则景墙至少会被挡掉一半，所以车应该放在刚出一点头的位置。车的加入使右侧图面加重，为了平衡画面，我们把图中母女的衣服颜色调成亮色，使这组人物起到压图的作用，图面形成一种动态平衡。经后期处理后最终效果如图11.6所示。

图11.6　角度最终效果

## 11.2　头顶上有弧线的场景

在景观设计里，凡是头顶上有弧线的节点，一定要找头顶弧线加以构图，弧线会带给人舒适感，如图11.7所示。

图11.7　头顶上有弧线的场景

### 11.2.1　模型细节调整

铺装路面的处理：右侧廊架下的路面铺装开始做的都是相同材质，让人感觉铺装道路很宽。如果把座椅附近铺装进行细分，先让人感觉有一个休憩空间的铺装，通过性的空间就缩小了。虽然没有高程上的变化，但通过不同材质的划分也会使铺装感觉变窄。

架空的木栈道下要有柱子支撑。通过透明水体看到柱子会给人以架空的感受，这时水体是连续的整体。如果没有柱子的支撑，则让人感觉是一道道木墙，水体也显得破碎。

## 11.2.2　配景组件放置

上面角度表达功能的点比较散。廊架下的休息座椅，远处看不太清楚座椅的地方放坐着的人物表达功能、树池座椅上放置坐着的人、羽毛球活动场地放打羽毛球的人物、架空的木栈道上放活动的人、探出水面的亲水观景台放戏水的人、路上放行走的人。

功能点放好后，图面基本就形成了人物结构。如果功能点的人物自己达到了平衡，那么放置近景人物就让它自己形成平衡。功能点的人物没有达到平衡我们就需要通过近景人物摆放对结构进行平衡调整。近景人物要放蹲着的成年人、小孩、动物之类的组件，如果放置站着的成年人会对后面的景观点形成遮挡，使画面显得拥堵。

如图11.7所示，放置人物后，右面还是偏重，跟Painter后期处理有一定因素。当把左下角的植物用Painter绘制后，和右边稍重的人物就会形成动态平衡。

## 11.2.3　Painter后期与构图平衡

如图11.8所示，右侧的柱子和廊架上的爬藤植物因为阴影的关系颜色比较重，占整个图面的1/3。而左侧比较亮，大面积才能平衡掉右侧的分量感。所以左下角的植物在用Painter绘制时处理成亮色，跟左侧的亮部形成亮色区域，最终把图面调节成平衡状态。

图11.8　角度最终效果

# 11.3　小空间场景的氛围营造

以上几种都是站在节点内部选择视角，而那些节点都比较大，进深感足。下面讲解小空间场景视角选择与氛围营造，如图 11.9 所示。

图11.9　小空间场景

## 11.3.1　小空间场景缺陷

（1）进深不够。如果站在节点里面看，进深非常短，图面空，缺乏细节。

（2）小节点里的设计内容比较少，没有太多吸引眼球的东西。但要把小空间里细节内容做太多，又不合适，毕竟不是重要的节点，做得太精致从整个设计和造价上都不合适。

## 11.3.2　角度选择

小空间场景把它放在中景的位置，如图 11.9 所示这样的话，因为有距离的存在，空间就会缩小，内容也挤在了一起。虽然本身没有太多的东西，但是缩小之后感觉内容比较丰富。

## 11.3.3　关于图面亮度

如图 11.10 所示最终效果：用 Vary 渲染跟直接导出图纸区别非常大。在 SketchUp 里，不管是树还是人物组件相互之间不接收阴影。用 Vary 渲染后的立面，植物组件上就会产生阴影，植物就会有层次感。

很多人建模的时候，选择在 SketchUp 里把光线调得特别亮，但最后出来的效果只是一个假象，最终看着还是特别灰。图面明亮程度不取决于图面整体上最亮的地方是否鲜艳，而取决于图面明度对比关系。阴影部分暗下去，亮的地方就能亮起来。这也就是为什么"灰晕风格"的图面比一般人做得亮的其中一个原因。

图11.10　角度最终效果

### 11.3.4　植物配置

在小空间的表达上，植物后期配景很重要。因为场景本身没有太多的内容，硬质空间缺乏。如果不用植物配景把硬质衬托出来的话，画面就会缺少层次。图11.10选择了这样的角度：与路有一定距离，前面一大片绿化空间，植物配景以丰富而饱满的状态围绕中间的空间，硬质的东西就比较显眼了。因为里面没有要表达的内容，所以留一片绿化来丰富图面，而不是裁到只见铺装路。另外也应离主景稍远，缩小节点在视觉上的面积，让画面丰富起来。

## 11.4　主景突出，其他景观也比较重要的场景

### 11.4.1　模型调整

首先我们对场景模型进行调整，如图11.11所示黄色与红色铺装间隔布置，调整为图11.12红色铺装镶嵌两条黄色分隔带。调整前，整体作为一个铺装层次考虑，功能划分相对弱化，调整后中间一片置石景观为主体，两边树阵下的休息区为辅，功能分区更加明显。

图11.11　学生做的模型效果

图11.12　调整后的模型效果

## 11.4.2　角度选择

　　下面是三个最常选择的构图角度。正面位置构图 1.13、图 11.14 在树林里看节点、图 11.15 斜方位置构图来分析三者的利弊。

图11.13　特别正的位置构图

图11.14　从树林里看节点

图11.15　斜一点的位置构图

　　首先需分析设计要表达的内容。图中最想体现的置石水景、广场上较大的铺装面供人活动、硬质水体和自然水系的结合、两边的树阵休憩广场、远处的水景，增加进深感拱门配景。

　　如图 11.14 所示从树林里看节点在设计内容的表达上和另外两个视角比较就逊色很多，所以先去掉图 11.14。如果选择如图 11.13 所示正面位置构图，就会发现构图里有设计范围外的空景，而小区外的模型又不可能建出来，导致这种构图进深感不够。如果选择如图 11.15 所示的斜视角，远景植物则基本堆满，背景建筑也能看到的多一些，中间的天空比图 11.13 正视要窄些，既透气又不空。如图 11.13 所示站在正中看水渠，水线很直，横向的线会把水挡住，竖着的线形看起来呈很宽的水面。其实设计想要表达的是很窄的硬质水体感受和水体的折线关系。再者，如图 11.13 所示正视两边的树阵广场，看到的内容是一样的，图 11.15 侧着看，左侧的树阵广场看到的内容虽少但给人一种阴凉的体验。右侧看到的是一个相对完整的树阵广场，后期放人物时能充分地表达出铺装广场活动作用。如图 11.13 所示正视，铺装广场就需少放人物配景避免遮挡视线或形成画面拥堵，铺装广场活动作用的体现就会弱一些。因此构图技巧是有一个两边对称的模型，如果选择正视角度不是很有利的情况下，就近其中一侧构图，能让一样的东西带给人不同的体验感。

渲染与 Painter 后期的处理。在设计每个阶段，总会有个角度在很多方面都有利于设计内容的表达。因为工作中经常用 Vary 渲染，所以对树的影子投到地面的感受较深。如图 11.15 右下角留出小片绿化做后期的时候可以用 Painter 处理，比大片铺装面不做处理效果要好。画一些花草可以把整个图面压下来，平衡渲染后影子的重量，最终效果如图 11.16 所示。

图11.16　角度最终效果

## 11.5　体现主景细节的场景

设计表达时，需要选择能体现主景观的细节场景，如景墙、廊架、大门等主景的细节表达。

如图 11.17 所示，景墙及水池是最主要的内容，其他内容也需表达但没那么重要，这种情况基本就是为了表达这个景墙及其细节内容而选择的场景。

图11.17　体现主景细节的场景

### 11.5.1  角度选择

一般而言，需要距离主景越近才能把细节看清。具体多近合适，就需要我们对距离的整体把握。主景占图面积大小很重要，太远细节看不清，太近又会感觉堵。如图11.17所示，角度选择总结如下。

（1）分析与主景紧密相连的内容。景墙前面连着的水面及周边的绿篱。

（2）把整个图面平均分四部分，主体景观与其紧密连的内容为中间两部分。这个位置看节点，既不会很堵，又看得到细节。本案例是横向构图的主景，如果换成竖向瘦高的主景也一样，需要我们在上下边留出1/4的空间。

本案例后面的林下健身空间也需表达，所以景墙选择侧看的角度。如果正面看景墙，水面会显得窄，侧着看会显得宽些。另外，景墙的厚度侧过来也能看得到。除非遇到非常对称的，两边完全一致的场景，不然就不要选取正对着景观的角度。稍微侧过来一点，效果会比正对着看明显。

### 11.5.2  配景组件放置

角度选定后再放置配景组件。跟前面一样，先放置体现功能的人物。如健身区有锻炼的人，遛狗的人，打太极的人，运动的人；通过的区域有行走的人。但需要注意的是，远景人物要选择相对简单的，身上衣着没有太多纹理，用大片颜色表示衣物的组件，如图11.18所示，把这类组件放远处后，衣服上的颜色还能看清楚。近一些的位置摆放细节多的，衣服褶皱丰富的人物。近景则放置一些蹲着的成年人，放风筝的小孩，动物之类的组件。主景放在如图11.17所示这样的位置，如果前面是铺装面就会空出一大片。这就需要在近景放些小孩，或者用鸽子把近景丰富起来。

图11.18  远景人物组件

最后完成的效果如图 11.19 所示，后面的健身广场作为配景，稍作表达。前景人物、景墙细节都很清晰，包括水池砖的铺砌方式、景墙上装饰砖的做法。放置近景鸽子后铺装也不空了。

### 11.5.3　渲染与阴影

选取角度时，通常会利用影子的效果，做前景压暗处理使人的视线集中在设计要表达的中景上。但是要避免前景阴影过暗而导致画面过于压抑，因此怎么才能形成柔和的前景光影？

在模型中可以把大树组件放在所选视点之后得到阴影，如果用 SketchUp 中显示阴影命令直接导图可能造成影子错面，Vary 渲染则不会。需要注意，树的放置位置离视点要有一定距离，距离大小则要根据经验把握。距离太近形成的影子特别实，合适的距离则是得到树的顶端影子，光影关系便比较柔和，不会对铺装广场的材质纹理有大的影响。再结合 Painter 后期数码手绘最终的效果如图 11.19 所示。

图11.19　角度五最终效果

## 本章小结

构图其实有很多种情况大家可以通过其他书籍或者是一些构图很好的摄影作品来做更多的总结，本章主要从景观的方向讲解了 SketchUp 中对于中轴对称的场景、有弧度的场景、小空间场景、主景加次景以及主景突出场景这五大类的一些构图技巧。通过好的构图和设计的表达为后期的渲染以及 Painter 地被植物的绘制提供了良好的基础。

# 第12章
# Vray for SketchUp渲染

模型打好角度后，最终出图的时候需要简单的渲染，之后使用 Photoshop 进行合成并处理。渲染之前我们先观察一下场景背后有没有影响我们整体氛围的物体所产生的光影，如果有的话，需要进行删除，如果没有，我们就可以进行渲染。渲染的目的主要就是为了达到一个比较柔和的光影关系。

## 12.1　获取图纸

在渲染之前我们首先导出两幅 SketchUp 的图纸，一幅为不带边线的 SketchUp 色图，一幅只有边线的 SketchUp 线稿图，为了保证后期 Photoshop 合成时图片的位置能准确的对照，三幅图纸的分辨像素必须保持一致。

### 12.1.1　导出 SketchUp 色图

想要得到如图 12.1 所示的效果需要在样式里关掉边线（图 12.2），将启用透明度改成中等或者偏画质（图 12.3），天空和投影也无需打开，背景色调白色。

图12.1　SketchUp色图

为保证所导出图纸图像分辨率较高，需在"选项"设置窗口去掉勾选"使用图像大小"并输入具体数值。"渲染"项去掉勾选"消除抗锯"，如图12.4所示。

图12.2  关掉边线

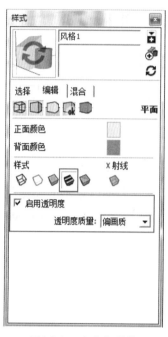

图12.3  透明度调整

图12.4  图片导出设置

一般效果图在3000左右的宽度就可以，鸟瞰图要高些，具体数值根据自己图纸的使用用途而定。

## 12.1.2  导出 SketchUp 线稿图

导出SketchUp线稿图时需要将显示模式修改为"以隐藏线模式显示"。导出时注意检查一下像素是否与前一张图纸一致，此时需保证导出来的所有图纸图像分辨率一致（图12.5～图12.10）。

图12.5  SketchUp线稿图

图12.6  边线稿图显示设置

### 12.1.3　获取渲染图纸

当导出 SketchUp 的这两张图纸之后进行渲染，渲染的时候只需要加载 SketchUp 和 Vray 自带的设置就可以，如图 12.7 所示。

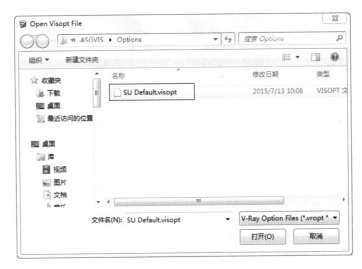

图12.7　加载自带设置

调用之后需要调整渲染图的图像分辨率与 SketchUp 导出的两张图片相一致。

步骤：点击"Get view aspect"获取屏幕宽高比；点击"L"进行锁定，之后输入与 SketchUp 图纸一致的像素，如图 12.8 所示。

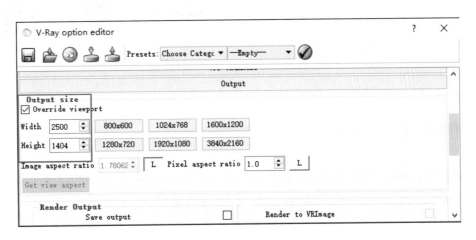

图12.8　渲染图像素设置

设置好像以上参数后便可进行渲染，渲染完成后我们只需选择"保存全部图片通道"的命令得渲染图和一张图像通道图，图像通道图可用于后期处理时选择天空的范围，如图 12.9、图 12.10 所示。

图12.9  渲染图

图12.10  图像通道图

## 12.2  图纸合成并处理

前期准备的图片分别是一张 SketchUp 色图、一张 SketchUp 线稿图、渲染图以及附带图像通道图，前三张图纸在 Photoshop 里面打开。图像通道图可到给图纸加天空的时候拖入。

打开之后需要将三张图纸拖拽至同一个文件并进行合成，在拖动过程中需要按住"Shift"键以便图纸位置能更好地对应上。

图层的顺序为渲染图在最下边的图层，SketchUp 色图在中间图层，并将它的混合模式改为变暗；则 SketchUp 线稿图为最上边的图层，也将它的混合模式改为正片叠底模式。之后根据画面具体表达的内容可进行图纸的裁剪，重点突出我们所要表达的元素。叠加并裁剪后的效果如图12.11 所示。

图12.11　混合模式叠加并裁剪

此时，得到的效果也并不是理想的效果，老版本的 Vray 默认透明的材质为玻璃材质并会产生倒影，如果是老版本 Vray 渲染出来的图片水里的倒影就会显得比较怪异。对于阴影怪异的问题，可以使用"橡皮擦"工具进行擦淡。跟驳岸比较接近的地方阴影会比较清楚一些，而越往下阴影的关系逐渐变淡模糊（图 12.12）。大家要是对阴影的关系把握的不是很准确的话，可以通过参照日常生活中水中真实倒影的关系来进行处理。

图12.12　阴影处理后的效果

那么把这三张图纸叠加在一起的目的是利用三张图纸各自的优势进行整合，例如得到 Vray 渲染图的倒影以及比较柔和的阴影关系。SketchUp 色图的材质和颜色都比较鲜艳，而 SketchUp 线稿图可以更好地控制线稿的粗细。

## 12.3　色阶调整使其图面变亮

这时候图面还是比较灰的，需要进行图片的色阶调整，点击快捷键"Shift+L"。

调整的图片为 SketchUp 色图以及渲染图，分别将这两张图的色阶调整为 235。具体数值根据图面效果来确定，注意铺装的曝光度，如图 12.13 所示。

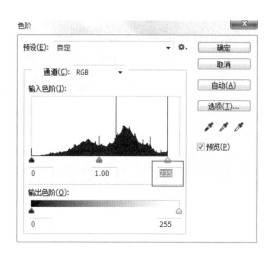

图12.13　色阶调整

## 12.4　盖印图层并再次调整色阶

这时候我们需要将我们调整后的图层执行盖印可见图层命令，快捷键为三大键加 E。因为 SketchUp 图纸的特点就是有黑色的边线，如果线条太轻的话，立体感就会稍差些，因此设计者需要将 SketchUp 线稿图拖至盖印图层的上边以便加强整体的立体感，如图 12.14 所示。

图12.14　线稿图拖至上边加强立体感

　　加重线条之后远景的线条就会变得比较黑比较粗，这时候我们也是使用橡皮工具将远景的树和建筑等线条擦淡一些。接着对盖印的图层单独进行色阶的调整，数值也是调整为235左右，让图面再次亮起来。到这里图纸的合成以及处理就已经基本完成，只需在添加天空的背景就行了。

## 12.5　添加天空背景

　　天空的背景颜色是天气的象征，一个好的天气能给人非常愉快的心情，并烘托出场景的整体氛围。

　　这时，渲染时附带的图像通道图就派上用场了，将图像通道图拖拽至文件中，使用魔棒工具将容差调整为"0"选择出天空的部分。

　　在有选区的情况下，新建一个图层放于最上边，选择适当的颜色拉一个渐变，或者选择一张天空的素材图片作为天空的背景。

　　天空背景填充之后需要注意的地方是SketchUp图纸与天空衔接的地方，图纸的边线有一定程度的变虚，这时候将天空的图层叠加模式改为"正片叠底"将线稿恢复正常显示，进而强调边界物体的立体感，如图12.15所示。

图12.15　填充天空背景

　　这个时候实际上已经对图片的合并已经处理过程完成了一大半。为了使图面的元素更加融合，还需要给天空进行微调，正如我们的这个图纸，水面是偏冷色调，我们通过调整天空的色相、饱和度等参数将天空调成偏暖的色调，让天空与水面的关系更明确。

现在整个渲染及后期合成的图纸就已经完成了，最后保存为 psd 格式的文件。psd 文件可在 Painter 里直接打开，那么我们下一步就可以到 Painter 里进行地被、花卉等植物的数码手绘工作了。

# 本章小结

本章旨在通过简单的渲染以及后期 Photoshop 合成的方式，将渲染图柔和的阴影与 SketchUp 色图鲜艳的材质等各自的优点进行总和，得出更佳的图纸效果。要注意的是所要准备的图纸图像分辨率要保持一致，才能保证在 Photoshop 里合成时能够很好地对应上，在合成过程中渲染图纸和 SketchUp 图纸的关系处理比较灵活，处理的原则是保留每张图片各自的优点，需要去除的地方可用橡皮擦工具将其擦淡。通过对这两张图片色阶的调整达到提亮整体画面亮度的效果，最后盖印可见图层并再次调整盖印图层的色阶，色阶调整过程中需要观察地面铺装的亮度，不可曝光。最后在对天空进行处理那么一张 Vray fo SketchUp 渲染 Photoshop 合成的灰晕风格 SketchUp 初步效果图就出来了，如图 12.16 所示。

图12.16　最终合成图

# 第13章
# Painter后期综合绘制

## 13.1　笔尖感应调节

Painter 后期植物绘制需要配合数位屏或者是数位板来进行绘制，如果是鼠标绘制的话，线条并设有粗细的变化，如图 13.1 所示。

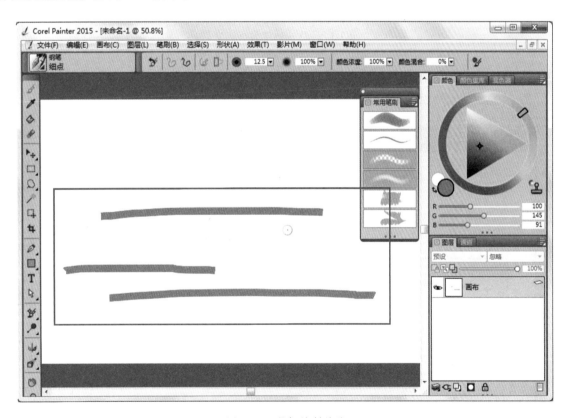

图13.1　鼠标绘制的线

数位屏或者是数位板能够画出粗细变化的笔触以及自然弯曲的形态，大家安装了驱动以后在电脑控制面板里可以查看并调节压感笔的属性，在属性的应用程序里选择 Painter 软件，选择"笔"选项来调节数位屏或者数位板在 Painter 软件中压感笔的属性。默认的属性由于笔尖感应度不强如图 13.2 所示并不能使我们很好地去掌控笔触粗细的形态如图 13.3 所示，从而画出来的植物叶片的感觉并不十分明显。

**145**

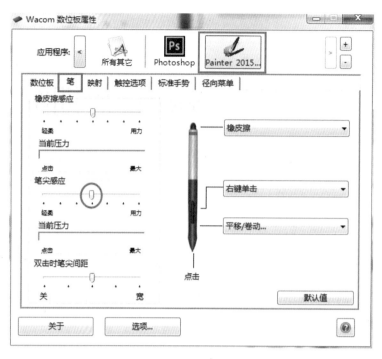

图13.2 默认的笔尖感应度

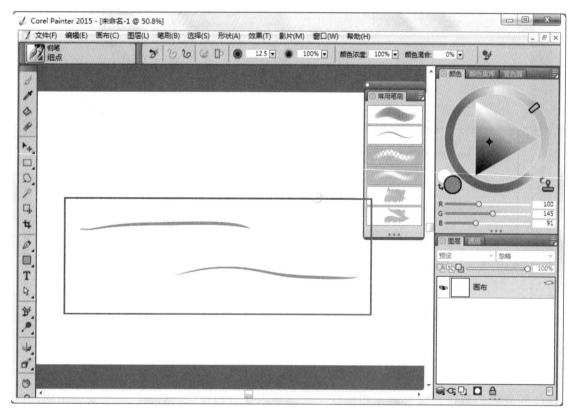

图13.3 默认的笔尖感应笔触

　　这时需要设计师手动调节压感笔的笔尖感应度以达到所需效果，笔尖感应度调整得越轻柔，对应的压感就越弱，越倾向于鼠标画出来的效果，同理如果调整得越用力，画笔的粗细也越明显，但也意味着粗的部位需要较大的压力。

　　一般调整到中间靠后些如图 13.4 所示相对来说不需要太大压力便能更好地把握两头细中间粗的笔触形态如图 13.5 所示，具体还是要根据个人的习惯以及手的力度调整一个适合的压力感应强度。

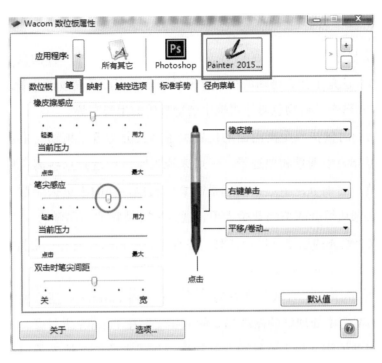

图13.4　笔尖感应度调整

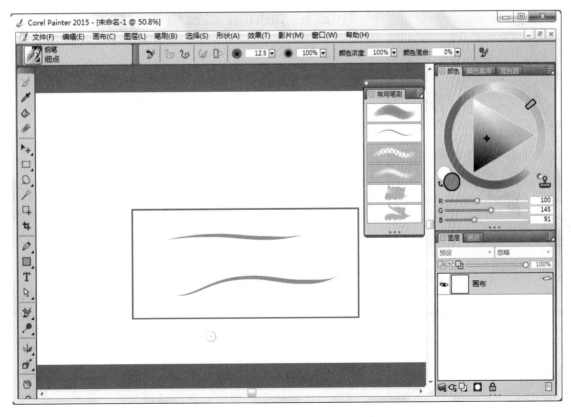

图13.5　笔尖感应度调整后的笔触

属性的调整主要就是笔尖感应度，其他快捷键的调整可根据自己的爱好以及使用习惯来进行调整，这里不再讲解。

# 13.2 综合花卉植物的绘制

在 Painter 里面绘制这些后期植物的时候，所追求的不是像照片一样的真实效果，并不需要能让别人一眼就能看出来这是个什么确切的植物，但是一定要有此类植物的生长态势。我们可以通过植物的叶片形态、花卉形态、植物色彩等提炼出植物整体的生长态势。

在绘制这些植物的时候按照距离图面的位置关系将其分为近景植物、中景植物以及远景植物三大分类，中景又可分为中近景和中远景。一般来说近景、中近景这些离我们比较近的植物需要较为深入地去绘制植物的细节，中远景及远景需要比较概括性的去进去绘制，在绘制的具体方法上会有所区别。下面先从综合的植物开始入手，通过综合植物的绘制学习并掌握 Painter 后期绘制的一些特定的步骤以及整体的思路，接着针对一些常见的植物以及具有一定特色的元素进行深入的专项学习。

利用上一章在 Photoshop 里合成处理好的场景，来学习 Painter 后期绘制的步骤以及具体的方法。将上一章所用的案例中处理好的图纸场景的 psd 文件在 Painter 里打开，并新建一个图层，用来绘制后期的这些花卉植物。如果有触控功能的数位板或者数位屏请先关掉触控，避免产生一些误触。

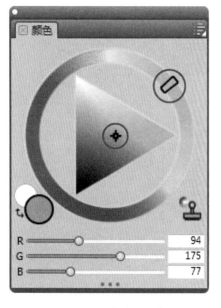

图13.6 "颜色"面板

图13.7 细点笔

## 13.2.1 painter 近景植物的绘制

### 1.铺底色

首先先进行近景植物的绘制，选择重一些的底色作为植物的阴影颜色。在"窗口"-"颜色面板"里勾选颜色便可打开颜色面板，如图 13.6 所示。颜色面板里的色圈由三原色 RGB（红、绿、蓝）组成，通过移动色圈中的小矩形可以变换色相，通过上下拖动三角形里的黑点改变其明度，左右拖动则改变其饱和度。

如果场景里的水生植物的叶片颜色是绿色，设计者需要选择一个稍微偏冷的绿色作为最重的底色。在绘制的时候所使用的笔触为钢笔里边的细点笔（也叫针管笔）工具，如图 13.7 所示，这个笔触画出的感觉是比较硬的，一般适合画一些植物边沿较明朗、轮廓较清晰、形态较挺拔以及叶片较整的植物。选上之后首先在我们新建的图层上进行铺底色，在铺底色的时候先把握好植物的透视关系。根据透视关系将水边的植物带底色满铺如图 13.8 所示。

图13.8　近景底色满铺

### 2. 叶片形态绘制

底色铺好之后，选一个比底色要亮一些的颜色作为第二层色彩阶梯，这个颜色为植物的暗部颜色，颜色需要从色相及明度上做微调来使其色调偏暖一些。在第二层颜色绘制时笔触上要有一定的变化，画的时候应该在这一步将植物叶片的特点以及生长态势给带出来（图13.9）。在这个场景里边要画的植物是类似于千屈菜、鸢尾等这类植物外貌特征的植物，是比较长的叶片类型，绘制过程中笔触就是比较长的笔触。

图13.9　第二层过程

在画每一个笔触的过程中要让人能够感觉到画出来的叶片的这个种感觉，但是我们的这个笔触目前都比较大的，实际上单个叶片并没有这么宽，现在的这个画法它代表的并不是一个一个单独的叶片而是一组叶片形成的颜色。画的时候尤其要注意的就是叶片所形成的疏密关系，并根据透视关系稍微远的地方我们将画笔调小一号并加密植物，表现出透视的效果，如图 13.10 所示。

图13.10　画满第二层颜色

那么我们第三层要画的就是植物的固有色，选色也是跟第二层的方法是一样，画笔要相应的调小一号，这个时候还是保持前面的第二层的笔法，但需把植物的动态刻画出来并成成片的一组叶片。在图纸上的植物动态需要我们较为深入的刻画，因此需要把叶片稍微地往下倒一些，而其他的叶片还是往上提的。

图13.11　第三层固有色绘制

　　第三层的固有色绘制完成之后，近景及中近景的植物底色以及透视关系已经能表现出来了，如图 13.11 所示，接着我们就要进行第四层的绘制了。

　　第四层叶片的表现与前面几层的绘制在手法上有一定的变化，需要从每画一笔代表每一组叶片转变为刻画单独的每一个叶片。当中也不时出现多个叶片重叠在一起所形成的一组色块，但是这组叶片已经是可以看到有多个叶片组成了，而不是单独的色块（图 13.12）。为保证叶片的比例关系合理，我们将画面放到 100% 的比例进行绘制，颜色选择和画笔大小也是要遵循前面的原则。

图13.12　叶片固有色绘制

### 3. 叶片的亮部及高光绘制

　　接着我们要画的就是少量的嫩叶及叶片的亮部色，画亮部色的时候要注意了，需要跟着原有的叶片去走，勾勒出叶片的亮度（图 13.13），同样也是需要有疏密关系，亮部色并不需要像前面几层那样铺满，适当的加些就够了，如图 13.14 所示。

图13.13　近景亮部色的绘制过程

图13.14　近景亮部色绘制完成

图13.15　高光色绘制

画完亮部色后，需要给亮部色稍微添加高光部分，高光色颜色必须要亮起来，添加高光色应细致，紧贴在我们的这个亮部色上，如图 13.15 所示。

高光色起到画龙点睛的作用，能有效地增加植物的动态效果。因此只需在亮部色上添加一些就够了，离的远的地方就无需去添加了。此时，植物的叶片部分就已经绘制完成（图 13.16），还需给植物绘制花的部分。

4. 花的绘制

当绘制植物的花朵部分时，绘制的步骤也是先铺一个花的底色，颜色上也无需选择过重的颜色，选择一个稍微偏冷一点的花朵颜色就可以了。不需要进行满铺了，根据花朵的形态、动势铺一个形态色，

图13.16　叶片绘制完成

需要注意的是在近景的地方分布的较为散些，中近景部分需进行加密过渡处理，如图 13.17 所示。

图13.17　花的过渡处理

5. 花的细节刻画

调一个暖些亮些的色调进行细节的刻画，在这个场景里边采用的是点状的绘制手法如图 13.18 所示，大家可以根据具体花朵形态关系去总结概括绘制的手法。

图13.18　花卉细节刻画

　　画了一部分之后需要我们放到 100% 的画面大小去观察所绘制的花朵在其形态上是否具有花卉的特征，以及比例大小、疏密程度是否合理等，如图 13.19 所示。

图13.19　100%显示查看花朵比例关系

　　在上述因素合理的情况下设计师便进行中近景地方的绘制，调整小一号的画笔，进行过渡融合，较远的地方可以将点状的笔触链接成片，如图 13.20 所示。

图13.20　中近景的花卉细节绘制

在进行叶片的绘制时，根据真实植物的叶片特征进行动态走势的刻画，把握住其形便可。首先先满铺一层较重的底色作为阴影，第二层暗部颜色及第三层固有色颜色稍重以成组形式绘制，第四层叶片的表现需每一叶片单独绘制。包含花的绘制在内一般有五到六个色彩的阶梯。

每一层的颜色在明度及饱和度上都要有适当的调整，画笔也会逐渐变小，注意同一层次的绘制时前景需进行较为细节的刻画，往后中近景叶片大小逐渐变小变密亮色层及高光层跟着叶片的轮廓绘制，离画面较远的地方可不必绘制，绘制过程中注意观察其整体的关系。

花的绘制先绘制较暗的色彩作为暗部，利用固有色在进行花朵走势、动态的细节刻画，疏密有致，中近景画笔需进行融合。

## 13.2.2　Painter中远景植物的绘制

这个小章节讲解学习Painter后期中远景植物的绘制，中远景绘制相对于近景其画法会较为简练，可以从关系上虚到远处，虚到远处的方式就是减弱各方面的对比，从笔法和色彩阶梯上都要有所减弱。笔法上需要整一些，不能画得太碎要是遇到建筑基地的地方需要绘制出建筑的基地绿化。层次上一般只需要两到三个色彩阶梯。

1. 项目里植物的绘制

中远景草坡地被的绘制最重的颜色并不需要选择跟之前前景的底色那么重。尽量使用灰一些的色调。在绘制过程中，设计师可以时不时地微调色彩的色相及饱和度丰富植物花卉的色彩层次。其他构筑物和植物投射的阴影部分应加暗，表达出花卉植物阳光受遮挡的阴影效果。如果在我们中远景处出现灌木绿篱并已经建出模型块，那么我们也可以从模型块上取一些颜色直接在模型块上弱化边界线条并点些成片的叶片使之更有植物的质感，如图13.21所示。

图13.21　中远景铺底色、绿篱处理

绘制第二层时适当的增加饱和度以提亮叶片的色彩，也需要成片叶片的绘制，不可以用绘制单独的叶片的方式绘制，单独叶片绘制就会感觉植物很碎。在阴影部分也适当的将颜色调稍暗些，中远景的植物也是需要适当的加一些花，颜色也是采用比较灰的色调，可以稍微变化以提高植物前后的层次关系，如图13.22所示。

图13.22　中远景、绿篱绘制

然后我们接着画水中的远景植物，水中的远景植物可以跟中近景的植物在绘制的笔画上分开一下，首先还是先铺底色，叶片的绘制方式可以采用圆形叶片的方式去表达以区分中近景与我们所绘制的远景植物。然后也可以加一些花，还是要成片，亮色少加以减少自身的对比，如图13.23所示。

图13.23　水中中远景绘制

2.项目外植物背景层绘制

那么除了中远景外，背景也需要处理，由于在建模的时候一般只是建项目场地里边的模型，那么这样就会导致背景植物的低层是空的，直接看到天空。实质上在真正的场景里边，这部分是有项目外其他构筑物或者是植物挡住的，在图面里边会产生一个背景色块，这个色块用植物去表达就可以了。为了方便绘制，可以载入天空背景的选区。

在选区里面去进行绘制，调一个灰蓝一些的颜色作为底色满铺，之后调整稍重一点的颜色绘制第二层，绘制过程中笔法简单概括，也可以微调一些色调加一些变化，如图13.24所示。帆船特色构筑物的玻璃背后绘制时需要注意由于玻璃有一定的透明度且呈灰色的色调，那么在绘制玻璃背后的背景时，可以把颜色加深些，以体现它的遮挡关系，如图13.25所示。

图13.24　项目外植物背景绘制

图13.25　玻璃后植物背景绘制

### 13.2.3 后期调整

绘制到这里就应该进入后期的扫尾阶段，我们需要对刚才所绘制的花卉植物等进行细微的调整，查看并修改植物的边沿衔接关系、前后关系以及倒影等其他细节的处理。

1. 前后关系及边界修正

首先先将绘制植物的图层调整透明度，以方便观察元素的前后关系，用橡皮擦擦除错误的地方，以及植物与硬质边界适当的修正（图13.26）。

图13.26　透视及边界修正

2. 水中植物倒影、鱼群的绘制

因为部分植物是水生植物，我们需要给他添加一个倒影。新建一个图层并将混合模式改为正片叠底，还是使用之前的钢笔工具来绘制，选择一个相对来说灰一些的颜色，带有植物的色彩倾向。要注意的是远景的地方在植物与倒影交接的地方稍微加重一些。

在水里也可以加一些游动的鱼群，只需表达出游动的动态即可，不需要过于逼真，但要把水的波纹对鱼身影的影响表达出来（图13.27）。最后对所有绘制元素进行色调上的微调，使之能更好地融合到场景里，如图13.28所示。

图13.27　阴影与鱼群绘制

图13.28　此场景前期作品

## 13.3 灌木绿篱的绘制

在做景观设计的时候灌木绿篱总是不可避免的，在 SketchUp 里有部分同学对待灌木绿篱一般是建出模型就完事了，但是这样的绿篱太过于呆板。这时有些同学有了新招，就是后期利用 Photoshop 贴上一些真实的绿篱植物，要是 SketchUp 用的是真实的植物组件还稍好，如果用的是 SketchUp 风格的植物组件会导致整体风格的凌乱。那么有没有更好的方式既不用考虑 SketchUp 中所用的植物类别又能很好的表现设计意图的基础上达到更好地传达空间氛围的效果呢？当然这是有的，在 Painter 里进行后期的灌木绿篱绘制就能很好地解决以上问题。

有 SketchUp 模型可以让我们更好地掌握透视的关系，一般情况下我们能看到绿篱的三个面，这三个面的明暗关系根据光环境来决定，如图 13.29 所示光源来自左上方，根据光影的方向给他铺上不同的明暗底色。所用到的笔为锥形康特笔（图 13.30），康特笔的笔触比较柔和，适用于一些纹理比较细腻的元素。

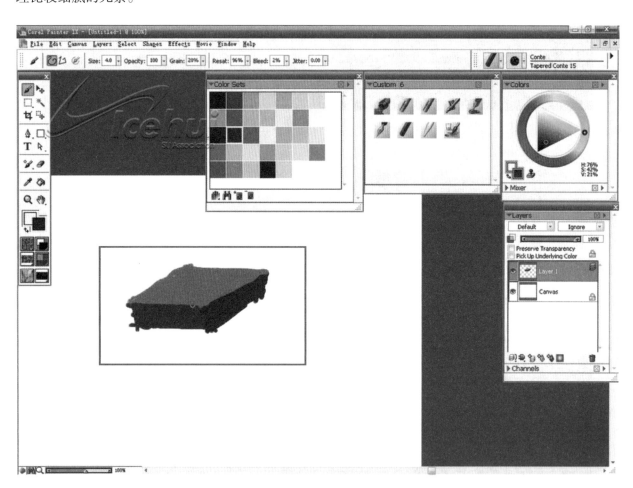

图13.29　绿篱底色

图13.30　康特笔

　　在底色中铺三个不同明暗的色彩有助于提升绿篱块的立体感，即便是我们完整的绘制出植物时，从底色也能感觉得出其明暗的关系，一般这种有较强的体积感的植物块都要这么去铺底色。

　　灌木绿篱的体块需要表现出植物枝叶丰富的形态和整体的体积感，处理的手法是用浅颜色比较实的笔触去修整一下边界，弱化边界的直线。然后根据植物枝叶的形态及长势去往下渗透，最亮的上部颜色可以选择一个更亮的颜色去渗透，渗透的意义在于体现出明暗的层次变化而不是一个个色块。一般常规的画法是一个面有三个色彩的阶梯，分别是底色和两个与之递减的颜色去渗透（图13.31）。这个并不是一个定值，在我们比较熟练地掌握绘制的方法与技巧之后，实质上色彩也是能根据实质情况去多做些变化。

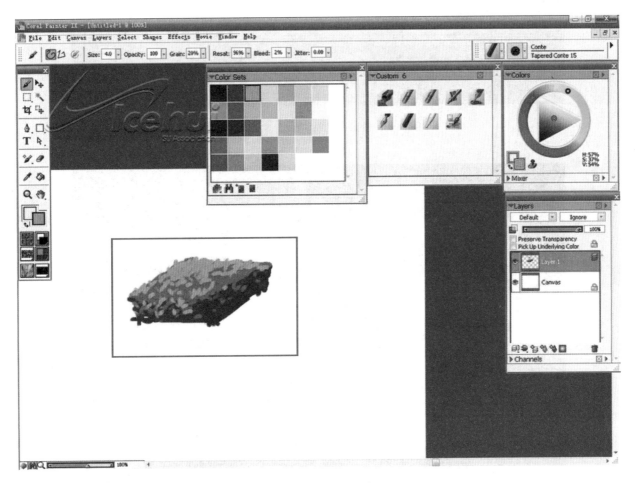

图13.31　绿篱颜色渗透

　　中远景部分的颜色阶段及处理方法跟前面说过的思路是一样的，这里不重复讲解，需要注意的是在笔法上需要把握好灌木绿篱体块的生长态势。

　　如图13.32、图13.33是工作当中一些带有较多灌木绿篱通过Painter后期绘制的效果图。

图13.32　灌木绿篱Painter后期图（一）

图13.33　灌木绿篱Painter后期图（二）

## 13.4　水景的绘制

　　接下来讲解一下水景的处理方法，水景一般有涌泉、喷泉、跌水、水幕、水帘以及静水面等。分为水量比较多的及水量比较少的两种画法。水的画法跟植物是一样的，只要大家理解了水的形态特征，根据其特征利用一定的手法表现出来即可。

### 13.4.1　跌水的绘制

在 SketchUp 模型的制作景观跌水过程中我需要注意以下几点：

（1）水的贴图，水的贴图一遍铺三层，每层单独的调整一下纹理的位置，这样能减少水纹理的重复性，增加材质的真实感；

（2）池壁上沿的面，池壁的上沿要有一个水纹理的面覆盖并与池壁上沿有一定的距离，侧壁可覆盖可不覆盖，要是模型比较容易贴侧壁面的话，可以覆盖一个面，贴完贴图在画倒是会轻松一些；

（3）涌泉，涌泉可以在 SketchUp 里放一些模型，起到定位及更好掌握透视的作用。

就以下水景（图 13.34）讲解跌水的绘制方法。

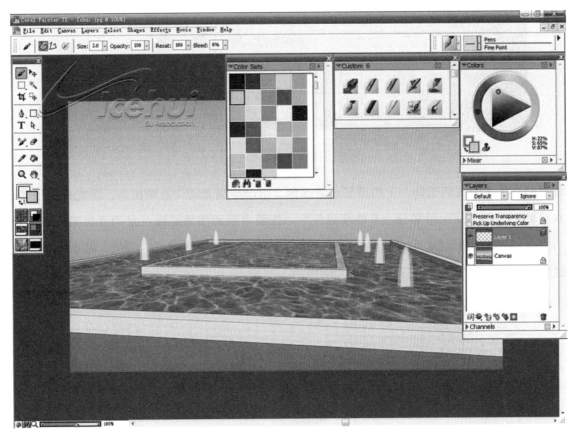

图13.34　在Painter中打开跌水案例

在这里要表达的是一个薄水面的感觉，大家可以搜索一下真实薄水面的图片或者在日常生活中去观察这种水面整体的效果，注意一下薄水面的透明效果以及不透明的地方会在哪个地方产生，透明度跟这个水池的水量以及跌水流下来的水量有一定的关系。如果只是一个水幕的话，水也是比较透明的，在转角的地方会出现高光，水面上也会出现些水波的纹理。

按照分析出来的效果，先来做跌水的效果，因为水面的水量较少，所以会是一个比较透明的面，再加上会反射一些天空中的光，所以我们选择一个浅蓝色作为背景的底色，利用钢笔的细点笔满铺整个跌水的侧壁，并调整图层的透明度，如图 13.35 所示跌水侧壁部分。

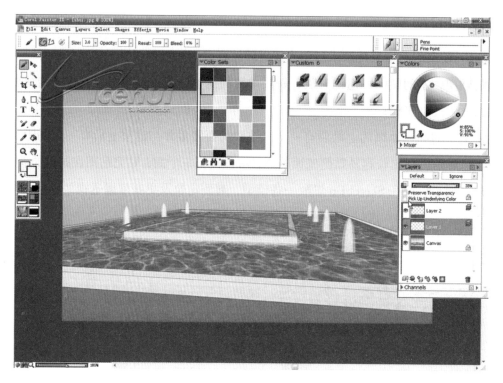

图13.35　侧壁铺底色

　　跌水的高光部分我们选择一个稍微亮点的颜色，把出现高光的位置画出来，高光部分很多时候是在水流的中间部分及上沿部分，其他部分较少，按照水褶皱的感觉以及水的方向感去画就可以。水流与水面的碰撞会出现水花，水量比较大的地方一般会呈现出比较亮的颜色，基本上就是白色，所以这个地方高光也是比较多的，如图13.36所示。

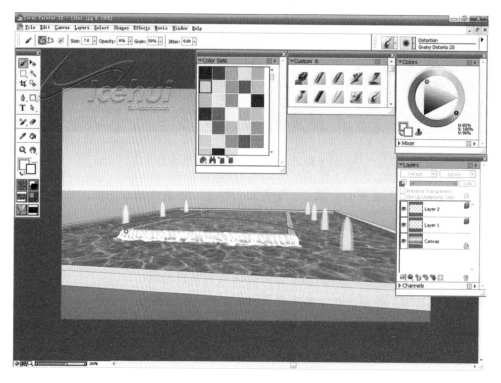

图13.36　跌水高光部分绘制

画完水的高光以及水花后，为了更好地体现水的流动性，可以使用扭曲工具如图 13.37 所示在背景的图层顺着水流的方向做一些图像的扭曲，一般水分流的地方会对后面的物体产生折射，水波下的物体以及 Vray for SketchUp 渲染出来的阴影会出现变形的效果。利用扭曲工具进行扭曲可以将这一效果表现出来。

图13.37 扭曲工具

最后用橡皮擦的加亮工具（漂白笔）（图 13.38）来提亮跌水周围的光，起到过渡的作用，在跌水的下方水面也起到一个倒影的效果（图 13.39）。

图13.38 漂白笔

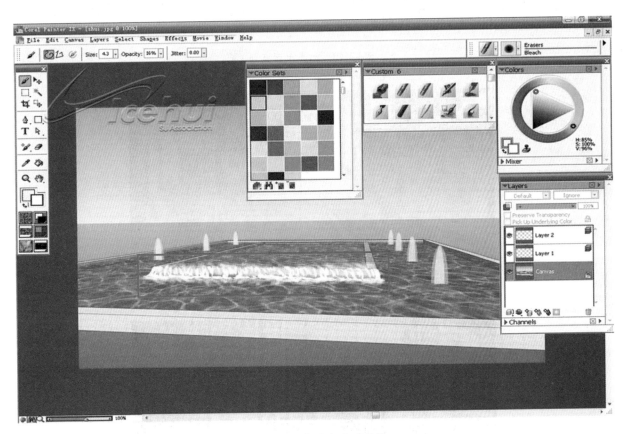

图13.39 扭曲加亮后效果

在 SketchUp 所给的水面贴图本身会有一定的纹理，但是这个纹理亮部的亮度还不够，在底图的图纸上可以顺着纹理的亮部用之前加亮工具给他提亮，使水会变得更加清澈，更具动感如图 13.40 所示，跌水的绘制也就完成了。

如图 13.41、图 13.42 为带有跌水场景通过 Painter 后期绘制的效果图。

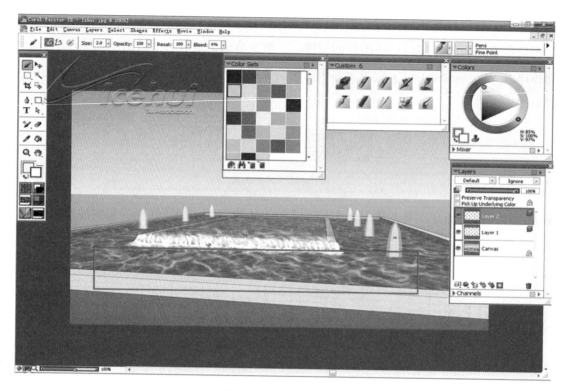

图13.40　加亮水面亮部

图13.41　跌水Painter绘制图（一）

图13.42　跌水Painter绘制图（二）

### 13.4.2　水柱的绘制

这个水柱就是我们前面所说的水量比较大的水景，这种水基本上透明度是很小的，无需绘制出透明的效果。在 SketchUp 中我们已经有了水柱的定位，那么就可以比较准确地掌握其透视的关系，同样的道理，前面的水柱需要刻画的比较细致后面的水柱主要是以概括的形式去画。

那么水柱主要的亮部是受光的面，这时候我们需要根据具体的场景光源方向来确定明暗面。铺底色时采用抖动的笔法顺着水流的方向来画，不需要满铺，暗部用稍微暗点的颜色，一般水柱用到两至三种的颜色去画就可以了。在刻画细节的时候我们可以采用半圈的笔法去绘制，如图13.43 所示。

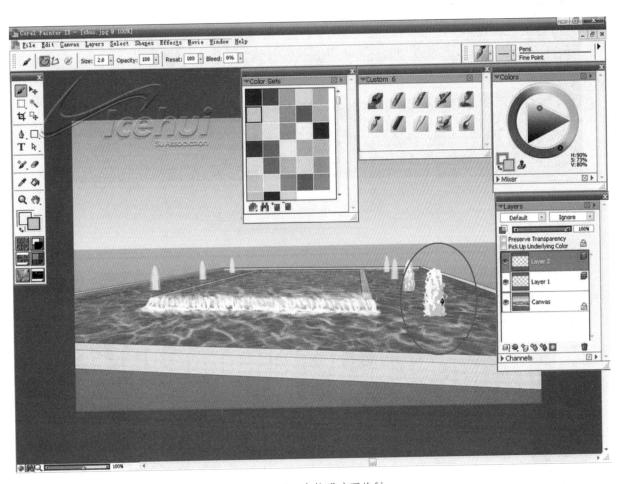

图13.43　水柱明暗面绘制

由于涌泉水柱一般情况下会出现些水点，那么可以直接的点出水点。水柱落下来同样也会激起水花，水花在 SketchUp 模型里是没有的，也可以采用半圈的笔法将水花点出来即可，最后在底图的图层上将水柱底部的水加亮，隐约的有倒影的感觉，如图 13.44 所示。

若是没有 SketchUp 模型的话，可以先用偏点蓝色的颜色把喷泉水柱的走势画出来再用亮色把亮部的地方绘制出来如图 13.45 所示，其他部分跟上面方法一致。

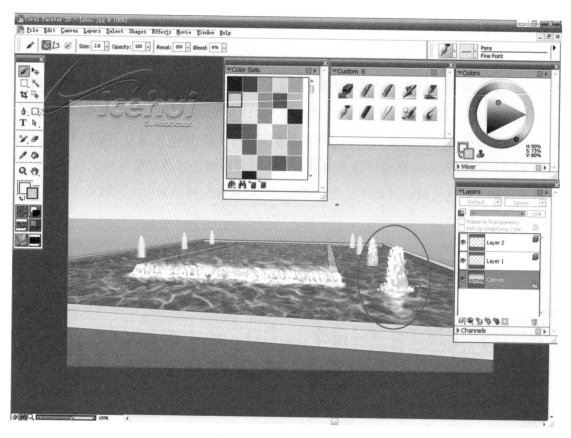

图13.44　水柱水花倒影绘制

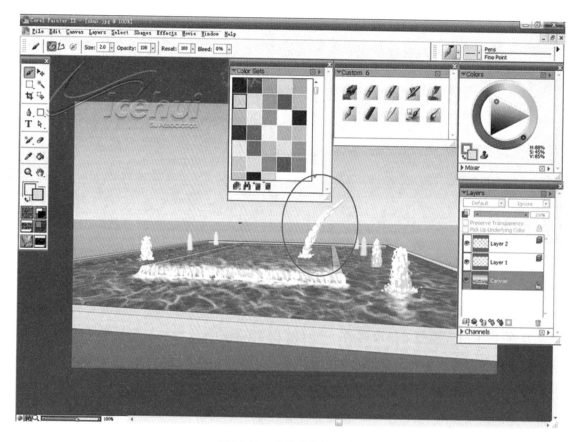

图13.45　无模型水柱画法

如图 13.46 所示，模型定位的一些水柱 Painter 后期效果，如图 13.47 所示为没有模型定位的水柱的效果。

图13.46　涌泉水柱Painter后期效果

图13.47　无水柱模型Painter后期效果

## 13.4.3　水幕薄膜、水帘的绘制

水幕薄膜顾名思义水量也是较少的，底色的处理与跌水的处理手法一致，先铺一个淡蓝色的底色，调节一定的透明度。但是在高光部分水幕薄膜一般在水钵的边沿会出现较多的高光，其他区域的高光会是成片的出现，如图 13.48、图 13.49 所示中间的水钵。

图13.48　水膜Painter效果图（一）

图13.49　水膜Painter效果图（二）

　　水帘的绘制相对来说比较容易，无需太多的变化。主要处理水跌落下来激起的浪花，浪花高光的连续性较强溅起的水滴也较明显。下落的水帘只需要点些大大小小的水滴，较远的地方水帘基本上就是水线的形式来表现，如图 13.50 所示。

图13.50　水帘Painter后期图

## 13.5  云彩的绘制

这个小节我们来讲解天空云彩的绘制方法，首先需要蓝色天空的底色，用稍大的康特笔轻轻的刷一层淡色，刷的时候偶尔稍微的调整一些色相饱和度让天空的底色更富有变化。

之后需要在天空上画一些云，一般云的底色也会有一些淡蓝色，那么就要选择一个比较淡的蓝色给云铺一个底色，之后用云的固有色稍微白的颜色去叠加，一般云也是用两到三种颜色就够了（图13.51）。

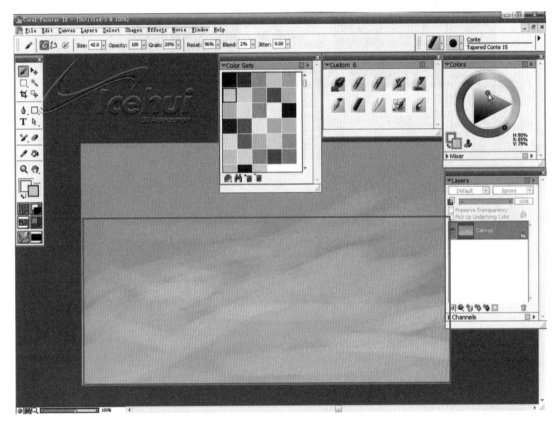

图13.51  天空底色

云的形态繁多变化丰富，因此云彩的绘制也需要比较高的绘画功底以及较多的经验去总结，比植物的绘制难度稍微大些。如果把控不好具体云彩的形态，我们可通过日常生活中多去观察天空中的云彩，这样有助于我们更好地把握云彩的形态。大家也可以网上搜索一些关于天空云彩的图片，大自然的天空本来就很美，摄影师拍出来的各种美丽的天空就是很好的素材，这时只需结合场景选择适当的真实天空的图片去临摹就可以了（图13.52）。

图13.52  天空云彩网络图片

从图 13.53 可看出，云的重色与固有色的衔接是十分生硬的，这时使用混色笔如图 13.54、图 13.55 所示将衔接的地方进行融合，以及部分云彩跟天空交接的地方适当的做些融合。

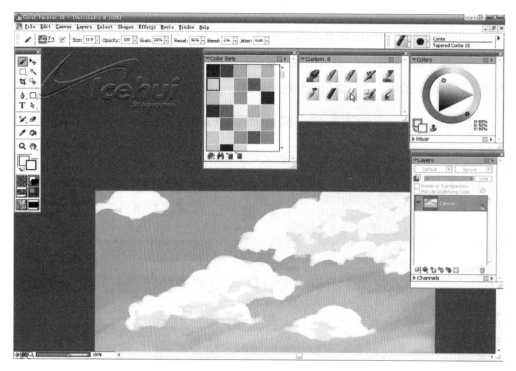

图13.53　云彩底色及固有色叠加

图13.54　混色笔

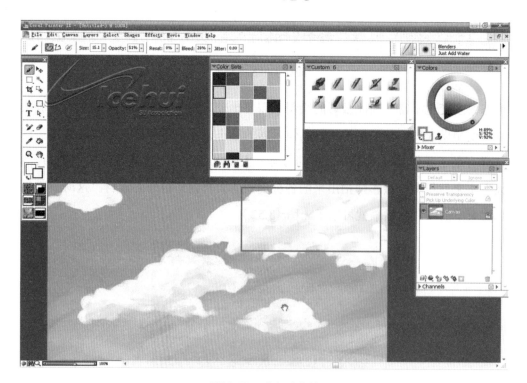

图13.55　融合后效果

之后就是给云彩加些亮色，让云朵色彩变化丰富起来并更具光感的效果，如图13.56所示。

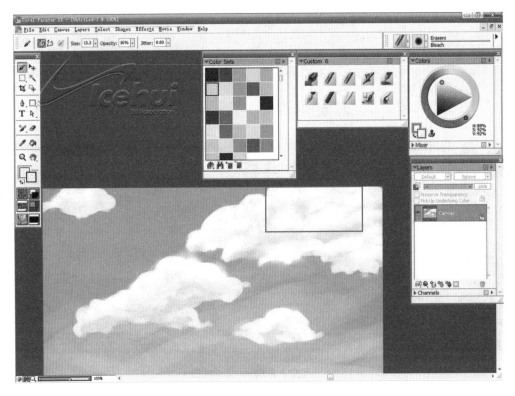

图13.56　云朵加亮

以上便是云彩绘制的具体方法，如果想要绘制出一个良好的效果，还需要更多时间的投入，只要多加练习不断积累经验便能达到下面几张图中的效果，如图13.57、图13.58所示。

图13.57　天空色彩Painter绘制图（一）

图13.58　天空色彩Painter参照图（二）

# 本章小结

　　这里介绍的 Painter 绘制方法都是技法上都比较简单，景观设计师一般都有一定的绘画基础，用这样的方法可以不必在软件的操作以及渲染的参数上进行深入的研究。根据前期简单的渲染在结合 Photoshop 、Painter 后期的绘制，能够利用上已经具有的 SketchUp 模型最终做出一张精彩的效果图。

您在学习本书过程中，有问题可以到官方学习论坛或微信提问。

感谢您选择本书的同时，也希望您能够将对本书的意见和建议告诉我们。

秋凌景观学习论坛：http://www.qljgw.com

官方微信号：秋凌景观学习网（ID:yy630430）

秋凌景观学习网